Cavidades en Extremadura (España)

Patrimonio natural y arqueológico

Milagros Algaba Suárez
Hipólito Collado Giraldo
José María Fernández Valdés

BAR International Series 826
2000

Published in 2019 by
BAR Publishing, Oxford

BAR International Series 826

Cavidades en Extremadura (España)

© The authors individually and the Publisher 2000

The authors' moral rights under the 1988 UK Copyright,
Designs and Patents Act are hereby expressly asserted.

ISBN 9781841711225 paperback
ISBN 9781407351599 e-book

DOI https://doi.org/10.30861/9781841711225

A catalogue record for this book is available from the British Library

This book is available at www.barpublishing.com

BAR Publishing is the trading name of British Archaeological Reports (Oxford) Ltd.
British Archaeological Reports was first incorporated in 1974 to publish the BAR
Series, International and British. In 1992 Hadrian Books Ltd became part of the BAR
group. This volume was originally published by John and Erica Hedges in conjunction
with British Archaeological Reports (Oxford) Ltd / Hadrian Books Ltd, the Series
principal publisher, in 2000. This present volume is published by BAR Publishing,
2019.

BAR
PUBLISHING

BAR titles are available from:

BAR Publishing
122 Banbury Rd, Oxford, OX2 7BP, UK
EMAIL   info@barpublishing.com
PHONE   +44 (0)1865 310431
FAX   +44 (0)1865 316916
www.barpublishing.com

ÍNDICE

COLABORADORES:

* **Reproducción fotográfica:** Guillermo Villasante, Marcos.

* **Toma de datos topográficos y fotográficos:**

Milagros ALGABA SUÁREZ.- *Las Veneras, Casas el Manantío, El Republicano, Maltravieso, Santa Ana, Los muñecos, Valle de Santa Ana, El Agua, Lamparilla, El Caballo, Postes, Sima Cochinos, Masero (sólo fotográfico) y Dolmen.*

Miriam APARICIO ALEGRE.- *La Zorra, La Codosera y Valle de Santa Ana.*

Félix APARICIO MARTÍNEZ.- *Mina de Ibor, Maltravieso y La Codosera.*

Alfonso BARRÓN DEL POZO.- *Castañar de Ibor (sólo fotográficos), Mina de Ibor, Casas el Manantío, El Republicano, El Conejar, Maltravieso, La Codosera, Nacimiento, Valle de Santa Ana, La Lamparilla, El Caballo, Masero (sólo fotográfico) y El Agua.*

Manuel CAPILLA BARRENA.- *Mina de Ibor, Maltravieso y La Codosera.*

Rocío CASASÚS DEL ÁGUILA.- *Casas el Manantío, Valle de Santa Ana y El Agua.*

Hipólito COLLADO GIRALDO.- *Castañar de Ibor (sólo fotográficos), Mina de Ibor, Casas el Manantío, El Republicano, Maltravieso, El Conejar, Santa Ana, La Codosera, Los Muñecos, El Nacimiento, El Agua, Sima I, Postes, Sima Cochinos, Masero (sólo fotográfico) y El Dolmen.*

Arturo DOMÍNGUEZ GARCÍA.- *Las Veneras, La Codosera y Valle de Santa Ana..*

Nicolás DURÁN JIMÉNEZ.- *El Conejar, Maltravieso, Los Muñecos, La Lamparilla y Masero (sólo fotográfico).*

Juan FERNÁNDEZ ALGABA.- *Castañar de Ibor (sólo fotográficos), Casas el Manantío, La Zorra, Maltravieso, Santa Ana, Zona de Almendral, Muñecos, Valle de Santa Ana, Agua, Sima I, El Caballo, Postes, Sima Cochinos, Masero (sólo fotográfico) y El Dolmen.*

Milagros FERNÁNDEZ ALGABA.- *Mina de Ibor, Casas el Manantío, Maltravieso, La Codosera, Valle de Santa Ana, El Agua, La Lamparilla, Postes, Masero (sólo fotográfico) y El Dolmen.*

José Mª FERNÁNDEZ VALDÉS.- *Castañar de Ibor (sólo fotográficos), Las Veneras, Cerro del Castillejo, El Republicano, La Zorra, Maltravieso, Santa Ana, La Codosera, Los Muñecos, Valle de Santa Ana, El Agua, Sima I, El Caballo, Los Postes, Sima Cochinos, Masero (sólo fotográfico) y El Dolmen.*

Elena FRANCO RODRÍGUEZ.- *El Caballo y Los Postes.*

David GÜETO BARRIONUEVO.- *El Caballo, Los Postes, El Agua y Masero (sólo fotográfico).*

Enrique INIESTA VAQUERA.- *Los Muñecos y El Dolmen.*

Ángel MOYANO PARIS.- *Maltravieso y El Agua.*

José Vicente NAVARRO GASCÓN.- *Maltravieso.*

Carlos PLIEGO IGLESIAS.- *Mina de Ibor.*

Eduardo REBOLLADA CASADO.- *Santa Ana.*

Rafael RUIZ LÓPEZ.- *El Agua.*

Inés RUIZ GÓMEZ.- *La Zorra, La Codosera, y Valle de Santa Ana.*

Adolfo SALCEDO JIMÉNEZ.- *Los Muñecos y El Agua.*

Nieves SIERRA GONZÁLEZ.- *Maltravieso.*

Fernando TORCAL CANO.- *Mina de Ibor, Cerro del Castillejo, Datas de Río Maltravieso, El Conejar y El Agua.*

Guillermo VILLASANTE MARCOS.- *La Zorra, La Codosera y Valle de Santa Ana.*

Víctor VILLASANTE MARCOS.- *La Zorra, La Codosera y Valle de Santa Ana.*

* Elaboración datos topográficos:

Alfonso BARRÓN DEL POZO.- *Mina de Ibor, Casas el Manantío, El Republicano, Maltravieso, El Conejar, Nacimiento, Valle de Santa Ana y La Lamparilla.*

José Mª FERNÁNDEZ VALDÉS.- *Las Veneras, Cerro del Castillejo, El Republicano, La Zorra, Maltravieso, Santa Ana, La Codosera, Los Muñecos, Valle de Santa Ana, El Agua, Sima I, El Caballo, Los Postes, Sima Cochinos y El Dolmen.*

Elena FRANCO RODRÍGUEZ.- *La Lamparilla.*

Ángel MOYANO PARIS.- *Maltravieso.*

Jorge SANCHA ASENJO.- *Maltravieso.*

Nieves SIERRA GONZÁLEZ.- *Maltravieso.*

Fernando TORCAL CANO.- *Maltravieso.*

*Planimetrías:

Alfonso BARRÓN DEL POZO.- *Mina de Ibor, Casas el Manantío, El Republicano y Mina de Ibor.*

José Mª FERNÁNDEZ VALDÉS.- *Mina de Ibor, Las Veneras, Cerro del Castillejo, Casas el Manantío, El Republicano, La Zorra, Maltravieso, El Conejar, Santa Ana, La Codosera, Los Muñecos, El Nacimiento, Valle de Santa Ana, El Agua, La Lamparilla, Sima I, El Caballo, Los Postes, Sima Cochinos y El Dolmen.*

Jorge SANCHA ASENJO.- *Maltravieso.*

V

AGRADECIMIENTOS

Para poder realizar este trabajo ha sido fundamental la financiación del Proyecto de Investigación titulado "Prospección, documentación y caracterización arqueológica de las cavidades y su entorno, en la Comunidad Autónoma de Extremadura" por parte de la Dirección General de Patrimonio Cultural de la Junta de Extremadura.

También ha sido de enorme utilidad la información obtenida de muchas Administraciones locales (Alange, Alconchel, Alconera, Higuera, La Codosera, Romangordo, Serrejón, Táliga, Valencia de Alcántara y Valverde de Burguillos) y muy especialmente de algunas personas que, amantes de su entorno, han dedicado tiempo tanto a descubrirlo como a compartir sus hallazgos con nosotros, resultando en ocasiones, además de valiosísimos informadores, entusiastas compañeros de jornada. Nuestro agradecimiento más sincero a: Milagros Fernández por su lectura crítica; a Belén Soutullo por su asesoramiento en cuestiones de geología; al Grupo de Espeleología de Técnicos Aparejadores, al que pertenecemos la mayor parte de los que hemos participado en la elaboración del Proyecto, por poner a nuestra disposición equipo necesario para su ejecución; a Teo de Navalvillar de Ibor por su suculenta cocina y hospitalidad; a los mandos del CIMOV nº 1 Santa Ana de Cáceres, en especial al teniente Parcero, por facilitarnos los trabajos en su recinto; a José Iniesta y a Enrique Iniesta por su ayuda en la prospección de la zona de Llerena, Fuente del Arco y Puebla del Maestre; a José, guarda de la Jayona, por su colaboración en las visitas a la cueva de "Los Muñecos"; a Silviano y Juan Francisco que nos ayudaron a localizar las simas de Almendral y Monsalud; en Fuentes de León: a Emilio, empleado del Ayuntamiento, que excedió con mucho la labor de acompañamiento que le habían encomendado; a Masero que nos enseñó la preciosa cueva a la que hemos puesto su nombre y, muy especialmente, a Ramón por tenernos siempre trabajo preparado; a Manolo, Fernando y Nicolás, guardas forestales del sur de la provincia de Badajoz, a los que lamentamos mucho no haber conocido antes; y a Eduardo Rebollada, geólogo de la Junta y experimentado espeleólogo.

Existe bajo la tierra un verdadero
"museo natural del hombre".
Gèze, 1960.

INTRODUCCIÓN

Con este libro se pretende mostrar una parte prácticamente desconocida del Patrimonio natural y cultural extremeño, ya que hasta el momento las únicas cavidades que han trascendido el ámbito local son las del Calerizo Cacereño, especialmente Maltravieso, y las de Castañar de Ibor y Mina de Ibor.

Aunque pueda resultar sorprendente este vacío en cuanto a lo que el mundo subterráneo de esta Comunidad se refiere, ya que a priori no parece posible que las cuevas citadas sean las únicas que existan, probablemente haya muchas y complejas razones que lo expliquen. A nuestro juicio se pueden resaltar dos de ellas: por una parte el hecho de que su territorio, como más adelante veremos, no sea el más adecuado para el desarrollo de grandes cavidades y por otra, la ausencia de descubrimientos espectaculares que hubieran podido despertar la curiosidad de los espeleólogos.

Sin embargo razones ajenas al mundo de la espeleología motivaron que en la segunda mitad de esta década se emprendiera una búsqueda sistemática de cavidades en todo el territorio extremeño. Hipólito Collado, arqueólogo especialista en arte esquemático, consciente de la capital importancia de las cuevas para un estudio completo del arte rupestre y de la arqueología en general, promueve y hace realidad este proyecto.

Así pues la idea de abordar la búsqueda y prospección de cavidades en Extremadura no surge desde el ámbito de la espeleología sino desde el de la arqueología, y este hecho se refleja, como es natural, al fijar los objetivos que se persiguen en este trabajo, en el que se ha intentado compaginar tanto el punto de vista arqueológico como el espeleológico: por supuesto se estudia el potencial arqueológico de cada cueva, aunque tampoco se obvia ni tan siguiera se deja en segundo plano, el interés de las cavidades como tales.

A raíz de esta iniciativa, durante los años 1997 y fundamentalmente 1998, se han venido realizando una serie de trabajos de prospección y documentación, en todo el territorio extremeño, de los que se han obtenido excelentes frutos. Aunque somos conscientes de que tan corto lapso de tiempo no es suficiente para presentar un trabajo terminado, la abundancia de hallazgos, las características de alguno de ellos: cuevas que pueden ser consideradas perfectamente como pequeñas obras maestras de la naturaleza, y su interés arqueológico nos han impulsado a presentar los resultados obtenidos hasta el momento.

Por lo tanto este libro se propone cubrir exclusivamente dos objetivos: dar a conocer las cavidades que, hasta el momento y gracias a la ayuda de muchas personas, hemos podido localizar y prospectar; así como los yacimientos arqueológicos que se localizan en ellas y en su entorno. Evidentemente queda mucho trabajo por hacer, hasta el momento sólo se han dado los primeros pasos de un proyecto mucho más ambicioso, pero los resultados obtenidos hasta el momento justifican el esfuerzo realizado y animan a continuar en este camino.

1. ANTECEDENTES

El único inventario de cavidades en Extremadura que hemos encontrado es el incluido en el magnífico libro, escrito hace ahora poco más de un siglo por D. Gabriel Puig y Larranz, titulado "Cavernas y simas de España" (Puig y Larranz, 1896). En él relaciona, por provincias, todas las cavidades de las que ha tenido noticia, bien por haberlas visitado personalmente o bien por haber tenido referencias de algún tipo (fundamentalmente se apoya en el Diccionario Geográfico de Pascual Madoz), (Madoz,1848). Lamentablemente de las veintitrés cavidades referidas a Extremadura, en esta obra, sólo dos han podido ser incluidas en nuestro trabajo: La Cueva del Agua en la provincia de Badajoz y la de Santa Ana en la de Cáceres. Este hecho se debe a que el resto de las cavidades citadas no tienen origen kárstico, sino que se trata de antiguas minas o de abrigos formados por otros procesos erosivos en rocas como cuarcitas, granitos, etc.

En las obras generales de reciente publicación ya sólo se citan los ejemplos que se considera tienen mayor relevancia: en la Memoria del Mapa del Karst de España (Ayala, F.J. et alii, 1986), sólo figura la cueva de Maltravieso; y en la monografía titulada "El Karst en España"(V.V.A.A., 1989), hay un capítulo dedicado al Karst en el Macizo Hespérico en el que se recogen las cuevas de Maltravieso y Castañar de Ibor.

Si se exceptúa algún que otro caso puntual en publicaciones de carácter local y escasa difusión, son estas dos cuevas, sobre todo la de Maltravieso, las que más literatura han producido, y fundamentalmente desde el ámbito de la arqueología.

De las cavidades incluidas en el Calerizo Cacereño, se hacen eco eruditos locales ya desde el siglo XVIII. La primera cita que hemos encontrado es la de D. Simón Benito Boxoyo que, en su Historia de Cáceres, describe cómo "...el terreno está lleno de profundas cabernas (sic), unas ocultas y otras manifiestas..." (Benito Boxoyo, 1796). Posteriormente es D. Vicente Paredes Guillén el que informa de la exploración de las cuevas del calerizo de Cáceres por el abogado D. Tomás Santibáñez (Paredes, 1910: 421). La constatación de ocupación prehistórica en una de ellas, la cueva del Conejar, provocó su rápida excavación y su posterior inclusión dentro de la literatura científica de la época (Del Pan, 1917: 185-191). Como consecuencia D. José Ramón Mélida, en el volumen dedicado a la provincia de Cáceres de su magna obra "Catalogo Monumental de España" (Mélida, 1924: 3-10), hace referencia a las cuevas del Calerizo Cacereño.

En los años cincuenta se produce un salto cualitativo y cuantitativo en el estudio del calerizo. El acontecimiento que dio origen a esta nueva etapa en los estudios del sistema kárstico cacereño fue, en el año 1951, el descubrimiento de la cueva de Maltravieso, al avanzar la explotación de una cantera de caliza establecida en esta zona. En una primera revisión de la recién descubierta cavidad se localizaron algunos materiales arqueológicos y paleontológicos, hallazgos que tuvieron eco en la prensa local (diarios *Hoy* y *Extremadura*, 14 de Agosto de 1951) y en algunas revistas especializadas (Revista Alcántara, Septiembre de 1951: 100-101; Alvarez, 1951). Pero es a partir de 1956, momento en el que D. Carlos Callejo Serrano -entonces Conservador del Museo Arqueológico Provincial de Cáceres- constata la existencia de una serie de manos pintadas sobre las paredes de Maltravieso, cuando se multiplicaron las publicaciones de carácter arqueológico que se han ocupado de este singular yacimiento hasta la actualidad (Almagro, 1958; 1960; Breuil, 1960; Beltrán,1967: 185-185; Jordá, 1970; Ripoll y Moure, 1979; Sauceda y Cerrillo, 1985: 45-53; Sanchidrián y Jordá, 1987: 64; Sanchidrián, 1988/89: 123-129; Ripoll y otros, 1997: 95-117). Especialmente fecunda fue la labor del insigne descubridor D. Carlos Callejo (Callejo, 1958; 1962; 1970; 1977; 1980; 1981), autor del más completo de los estudios sobre las cavidades del Calerizo Cacereño hasta la década de los noventa (Callejo, 1977: 57-65).

Los estudios del Calerizo fuera del ámbito de la arqueología son desgraciadamente bastante escasos (Gurría y Sanz, 1979; Gil y Encinas, 1992; Encinas, 1996). Entre éstos deberíamos destacar el realizado por Gurría y Sanz, en el que se estudian y se interpretan los fenómenos kársticos tanto en el Calerizo Cacereño como en el de las sierras de San Pedro-Aliseda, pero aunque sólo lo hacen desde el punto de vista exokárstico, entendemos que sus conclusiones son perfectamente aplicables a cuestiones relacionadas con el endokarst.

Al margen del calerizo cacereño los trabajos sobre cavidades en otras zonas de Extremadura son muy escasos.

En la zona del macizo de las Villuercas, la magnífica cueva de Castañar de Ibor ha sido estudiada por los técnicos del I.G.M.E en varias ocasiones: con motivo de su aparición en los años sesenta y posteriormente, en 1987, con objeto de realizar un estudio de viabilidad para su explotación turística. Por último en la década de los noventa aparece un excelente artículo sobre esta cavidad que incluye una completa topografia (Durán y Ramírez, 1997).

La otra cueva de cierta consideración localizada en esta zona, la Mina de Ibor, ha sido objeto de varios estudios pero siempre de carácter arqueológico, ya que cuenta con un interesante panel con figuras grabadas de cronología paleolítica (Collado y Ripoll, 1996: 383-399; Collado, 1997:13-17; Collado y Fernández, 1998: 210-212).

Por último en la zona del anticlinorio Olivenza-Monasterio, a pesar de que en él se hallan las cuevas con mayor entidad de la Comunidad Extremeña, tan sólo encontramos alguna breve referencia escrita sobre la existencia de las mismas (ALG, 1997; o sobre su valor arqueológico (Enríquez, 1995: 690).

2. METODOLOGÍA

El primer objetivo del proyecto consistía en intentar encontrar el mayor número de cavidades posible. Para realizarlo había que empezar acotando las zonas con posibilidades de tenerlas: es decir los afloramientos carbonatados.

Con este fin se efectuó un **Trabajo de documentación** que, debido a la escasez de antecedentes antes mencionada, se basó casi exclusivamente en la consulta de la *cartografía geológica*, concretamente de la serie Magna, E. 1:50.000 (los mapas geológicos existentes de E. 1:200.000 no resultan útiles para este tipo de localizaciones). Es preciso hacer notar que, desafortunadamente, esta serie no está concluida y por lo tanto hay lagunas bastante considerables que se han intentado solventar de otras maneras: siguiendo las direcciones de los afloramientos desde mapas contiguos, investigando la toponimia, etc. A este respecto también ha sido muy útil consultar las tesis de Francisco Liso (Liso, F.J.,1981) y de Rosario Encinas (Encinas, M.R., 1996) - especialmente esta última- sobre rocas carbonatadas, en la provincia de Badajoz la primera y en la de Cáceres la segunda.

Una vez detectados los afloramientos calcáreos y los términos municipales sobre los que se extienden, se procedió a recabar información a los ayuntamientos correspondientes, sobre la posible existencia de cavidades y restos arqueológicos que pudieran localizarse en su territorio. Se han remitido escritos a más de treinta alcaldías y hemos obtenido respuesta de diez: Alange, Alconchel, Alconera, Higuera, La Codosera, Romangordo, Serrejón, Táliga, Valencia de Alcántara y Valverde de Burguillos.

Para organizar el **trabajo de campo** se realizó una zonificación del territorio, que hemos intentado respondiera a criterios geológico-geográficos, y a partir de ella se elaboraron una serie de itinerarios. Además, con objeto de fijar unos mínimos en la toma de datos, se elaboraron dos fichas tipo: una de zona (equipo y fecha, localización - número de plano y coordenadas-, breve descripción - término/s municipal/es, núcleo/s de población más cercano/s, relieve, materiales, vegetación-, croquis -con accesos- y observaciones) y otra de cavidad (equipo y fecha, localización -coordenadas y cota-, descripción -entorno, acceso, boca, galerías, espeleotemas, vestigios arqueológicos- y croquis).

Una vez sobre el terreno ha sido fundamental en muchos casos, la información recabada directamente a los vecinos, especialmente a los pastores y guardas forestales que, indudablemente, son excelentes conocedores del territorio.

En cada una de las cavidades localizadas, en primer lugar se ha efectuado un **trabajo de prospección** con el fin de evaluar su interés arqueológico y espeleológico. Para desarrollar este trabajo se requieren equipos de iluminación individual, de ascenso-descenso (escalas, cuerdas, arneses, descendedores, puños y crolls), botes neumáticos, neoprenos, etc., es decir todo aquel material espeleológico que facilite el trabajo y proporcione la debida seguridad a las personas que lo realizan. En muchos casos el trabajo concluyó en esta fase por diversos motivos, entre otros: su tamaño (se nos han indicado cavidades que no pasaban de ser grietas o meras zorreras), o el hecho de que no fuesen cavidades de origen natural, sino antiguas explotaciones mineras de mayor o menor entidad.

Una vez explorada la cavidad se puede comenzar el **trabajo topográfico,** que consta de diversas fases. Primero se procede a situar la entrada de la cueva mediante un G.P.S. (Global Position System), obteniendo la posición de la misma en coordenadas U.T.M. (Estos datos están incluidos en el Informe Final, del Proyecto ya citado, remitido a la Junta de Extremadura). Seguidamente, a partir de la información recopilada con el trabajo de prospección, se diseña la toma de datos.

Dicha toma de datos se ha efectuado mediante el empleo de brújula y clinómetro de precisión (error de medio grado) con jalón y cinta métrica; la estación total sólo se utilizó en la cueva de Maltravieso, debido a su relevancia arqueológica. El método empleado ha sido una combinación de itinerarios y radiaciones, estableciendo estaciones en poligonal cerrada, y cuando esto no ha sido posible, se ha realizado doble recorrido con el fin de corregir errores de medida.

Terminada la toma de datos, se procede a fotografiar la cueva con el fin de recabar la máxima información de las formaciones más relevantes y de las salas y secciones de galerías más interesantes desde el punto de vista morfológico, arqueológico y espeleológico. Dicho reportaje fotográfico se realizó con una cámara Canon EOS 50 y el equipo auxiliar compuesto de trípode, flashes de simpatía, focos halógenos, baterías de alimentación, filtros de colores para los flashes, etc. Las películas utilizadas , en la mayoría de las cuevas, han sido diapositivas "daylight" para profesionales, de sensibilidades comprendidas entre 100 y 400 ASA, de Kodak (PS100) y Fuji (Velvia y Provia); las de muy corto recorrido fueron fotografiadas con Kodak Gold 100 - 200 ASA.

Ya en gabinete, se elaboraron los datos topográficos con ayuda de la hoja de cálculo adecuada para cada cavidad, ya que el número de estaciones, de itinerarios y radiaciones es muy diferente de unas a otras. Una vez obtenidas las posiciones absolutas de los puntos topográficos, se dibuja el plano, en el que se indican: curvas de nivel, formaciones, bloques, restos arqueológicos, y cualquier información de interés. No hemos intentado reflejar todos los datos tomados, ya que consideramos que un exceso de información hace que la planimetría resultante sea poco clara. Creemos que lo importante en la topografía de una cueva es la obtención de un plano lo suficientemente legible que nos permita localizar los puntos relevantes de la cavidad, que ayuden a orientarse dentro de la misma. Posteriormente, si es necesario, una visita a la cavidad nos permite comprobar la fiabilidad de la cartografía realizada e incorporar alguna mejora.

3. AFLORAMIENTOS CALCÁREOS EN LA COMUNIDAD EXTREMEÑA.

Figura 1

3

Las rocas carbonatadas que afloran en la Comunidad de Extremadura pertenecen a épocas muy tempranas comprendidas entre el Precámbrico y el Carbonífero[1], ya que este territorio emergió definitivamente a finales del Paleozoico.

Por esta razón los procesos erosivos han actuado sobre los distintos materiales durante cerca de trescientos millones de años en algunas zonas, de tal manera que actualmente, a lo largo de la geografía extremeña, se repite un patrón muy similar: grandes llanuras (formadas por peneplanización de terrenos muy antiguos o por rellenos terciarios y cuaternarios), interrumpidas por relieves residuales (bien resultado del plegamiento hercínico, bien ocasionados por la intrusión de plutones); pero un análisis más detallado revela que esta homogeneidad aparente es fruto de procesos geológicos muy complejos.

A finales del Paleozoico la Orogenia Hercínica al unir los continentes de Laurasia y Gondwana, para formar la Pangea de Wegener, también reunió fragmentos del pequeño continente de Armórica, situado entre ambos, dando lugar así, a las tierras que nos ocupan. El Macizo Hespérico es la parte más occidental de la cadena Hercínica, y la Comunidad extremeña se asienta sobre dos zonas del mismo, las denominadas por Jullivert: Centro-Ibérica y Ossa-Morena (Jullivert et al., 1972).

La provincia de Cáceres y el Norte de Badajoz ocupan el Sur de la zona Centro-Ibérica. Ésta está formada por extensas penillanuras de materiales precámbricos (complejo esquisto grauváquico) sobre las que destacan plutones de granitoides más o menos ácidos y relieves paleozoicos de tipo apalachiense, definidos por crestones cuarcíticos, que siguen direcciones hercínicas, NNO/SSE a NO/SE, sólo perturbadas en la zona central por la falla de Plasencia-Messejana.

Es en estas estructuras, normalmente incluidos entre series pizarrosas, donde afloran materiales carbonatados de distintas edades (Figura 1):

* En el Macizo de las Villuercas: anticlinorio de Robledollano con calizas precámbricas y anticlinal de Guadalupe-Ibor con calizas precámbricas y cámbricas.
* En el Calerizo de Cáceres: sinclinal con calizas carboníferas.
* En el Sinclinal de San Pedro-Aliseda: calizas carboníferas.
* En el Sinclinal del Gévora: calizas devónicas.

De todos ellos el único calerizo que ha sido explorado sin resultados desde el punto de vista endokárstico, es el de San Pedro-Aliseda. Este hecho puede resultar sorprendente ya que la génesis y evolución geológica de sus materiales es muy similar a la de los del calerizo de Cáceres, pero Gurría y Sanz proponen una explicación basada en causas

estructurales: en Aliseda como los materiales calcáreos están incluidos en una estructura sinclinal pinzada con buzamientos prácticamente subverticales, y los ríos alóctonos atraviesan la estructura, no funcionan como acuífero y por lo tanto actualmente no se favorece el proceso kárstico (Gurría, J.L. y Sanz, Y., 1979). La única karstificación que se observa es fósil, probablemente desarrollada durante el Mesozoico y Terciario, y muy rica en mineralizaciones de fosfatos (Aizpurúa y otros, 1982).

La provincia de Badajoz, salvo el ángulo NE, pertenece a la zona de Ossa-Morena y, aunque no hay consenso entre los investigadores a la hora de fijar los límites precisos entre ambas zonas, parece claro que el eje Badajoz-Córdoba es una importante zona de sutura y de cizalla de la primera fase de la Orogenia Hercínica.

Esta zona resulta más complicada que la anterior en parte, probablemente, por las fallas de cizalla subverticales (Hornachos, Malcocinado, Guadalcanal, Fundición, etc.) que provocan una extremada compartimentación del territorio en cuñas que siguen direcciones hercínicas. Además hay otras diferencias significativas entre ellas, por ejemplo el complejo Vendiense-Ovetiense es mucho más abundante en esta zona así como los materiales vulcano-sedimentarios (materiales calcoalcalinos andesíticos finiprecámbricos originados por el proceso subductivo provocado por la Orogenia Cadómica, serie de basaltos-riolitas producidos en la etapa de Rifting del Cámbrico Medio, los devónicos vinculados a la Orogenia Hercínica, etc.).

Hay afloramientos carbonatados en las tres grandes estructuras comprendidas en el sector extremeño de esta zona: anticlinorio de Badajoz-Córdoba, sinclinorio de Zafra-Alanís y anticlinorio de Olivenza-Monesterio, y en todos los casos se trata de rocas preordovícicas (Figura 1).

En el anticlinorio de Badajoz-Córdoba hasta el momento no se ha encontrado ninguna cavidad. La ausencia de actividad kárstica puede deberse, en muchos casos, a la abundancia de plutones que intruyen en los materiales carbonatados originando fenómenos de skarn.

Los afloramientos calcáreos más importantes, al menos desde el punto de vista kárstico, están incluidos en el Anticlinorio de Olivenza-Monesterio. Se trata de rocas de edades precámbrica a cámbrica depositados sobre los materiales vulcano-sedimentarios.

---

1. En este trabajo no nos referiremos a los carbonatos de edad miocena, depositados en fosas alpinas, ya que su escasa entidad no favorece el desarrollo del karst.

4. MACIZO DE LAS VILLUERCAS

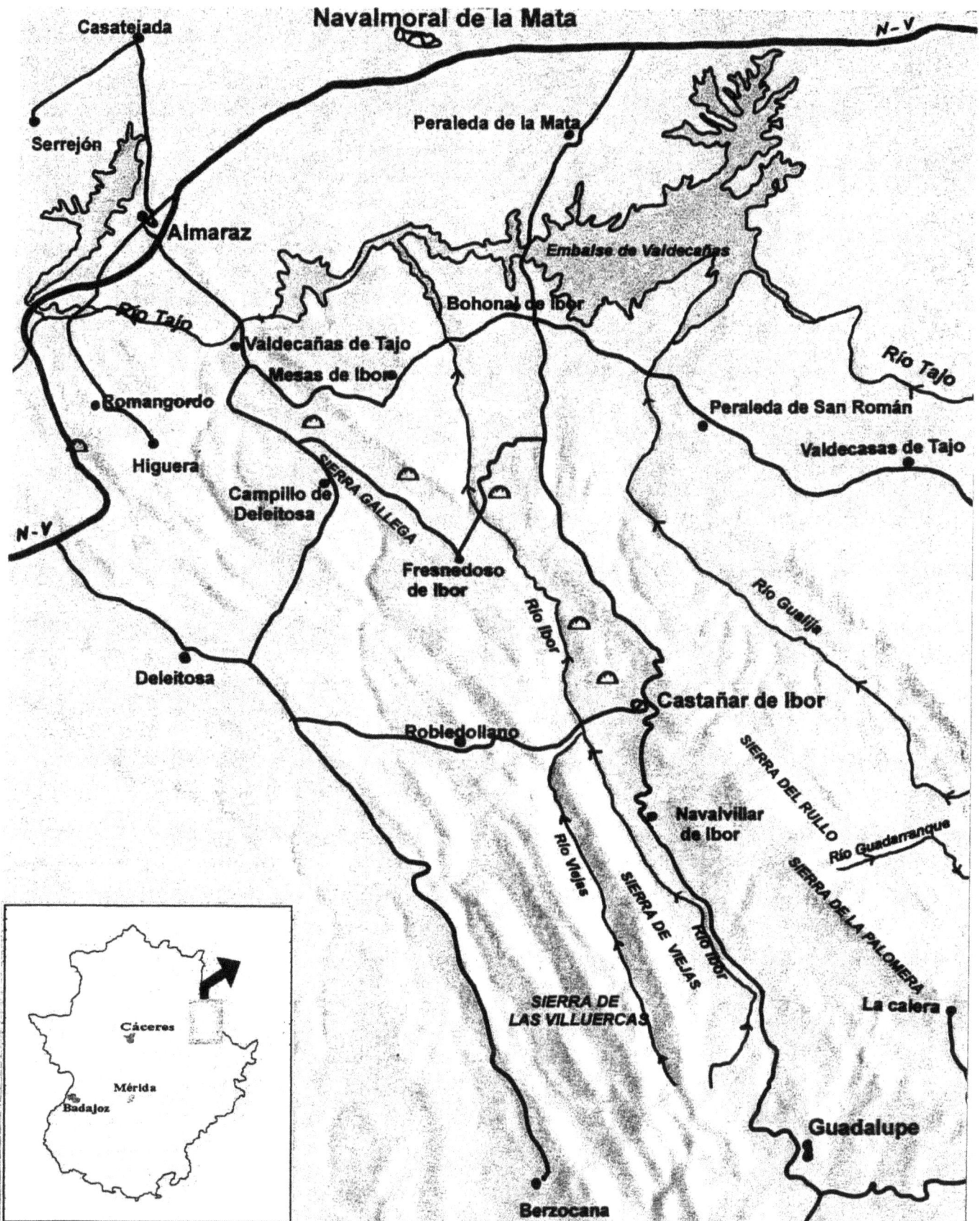

Figura 2

4.1 BREVE DESCRIPCIÓN GEOLÓGICA Y MORFOLÓGICA.

En el límite oriental de la provincia de Cáceres, al Sur del río Tajo, afloran estructuras plegadas por la Orogenia Hercínica sobre las que han actuado procesos erosivos que han dado lugar a un relieve apalachiense que sigue direcciones NNO/SSE, en el que destacan estrechos sinclinales colgados sobre valles más amplios.

La Comarca de los Ibores toma su nombre del río Ibor que, partiendo del Cerro de la Brama cerca de Guadalupe, va a verter sus aguas al río Tajo. El relieve de la comarca es bastante accidentado: al Sur las cumbres superan los 1200 m de altura y van descendiendo hacia el N, hacia la desembocadura del Ibor en el embalse de Valdecañas, donde apenas superan la cota de los 700 m.

Desde el punto de vista geológico el río labra su valle en el Anticlinal desventrado de Guadalupe-Ibor. El arrasamiento que éste sufrió ha permitido que afloren los materiales preordovícicos de carácter detrítico y deleznable, fundamentalmente pizarras y grauvacas precámbricas y cámbricas. Las cuerdas que lo enmarcan (sierras de Viejas, Rontomez, Porrinas, Rullo, Gallega, etc.) están formadas por los farallones de cuarcitas del Arening (cuarcita armoricana), que forman parte de los flancos de sinclinales colgados (Viejas al Oeste y Guadarranque al Este).

Normalmente a media altura, entre el fondo de valle y los crestones cuarcíticos, aparecen afloramientos calcáreos (que se datan en el Vendiense Superior y en el Cámbrico Medio) intercalados en la serie preordovícica (o complejo esquisto grauváquico). La estructura estromatolítica y de mallas de algas relaciona la génesis de estos sedimentos con un medio mareal. Estos afloramientos en ningún caso presentan una gran entidad, ni llegan a producir relieves importantes; normalmente se limitan a destacar con suaves resaltes positivos en las laderas.

Sin embargo estos materiales sí resultan interesantes desde el punto de vista económico; para Rosario Encinas constituyen "una de las principales áreas de interés técnico de la provincia de Cáceres", en la que fundamentalmente se explotan las dolomías ricas en magnesio (cita ocho explotaciones) y las magnesitas que, aunque no son de gran calidad, resultan útiles para los sectores químico-fabril, construcción y siderúrgico, como refractarios (Encinas, M.R., 1996).

Estas rocas no están muy karstificadas en general, al menos no de una manera significativa, aunque se aprecian en el exterior algunos indicios, más o menos importantes, de procesos de disolución tales como lapiaces incipientes y fundamentalmente horizontes arcillosos, resultado de la decalcificación de las arcillas.

Desde el punto de vista endokárstico, predominan las cavidades pequeñas, inactivas o con muy escasa actividad y tan modificadas por el hombre, fundamentalmente debido a su explotación como canteras o como menas de magnesio o hierro, que muchas veces resulta difícil distinguir en ellas la posible zona natural. Se han localizado cavidades de este tipo en tres zonas: la llamada de las "Veneras", la del arroyo Manantío y la del Cerro del Castillejo, pero que, como describiremos seguidamente, no poseen interés ni desde el punto de vista espeleológico ni desde el arqueológico. Las excepciones las constituyen las cuevas de Castañar de Ibor y de Mina de Ibor, la primera interesante desde el punto de vista espeleológico y la segunda desde el arqueológico.

En la prolongación septentrional del anticlinorio de Robledollano abundan los afloramientos de rocas carbonatadas de edad precámbrica y génesis vinculada a crecimientos de mallas de algas en zonas de plataforma somera al igual que en el anticlinal de Ibor. Asimismo, la mayoría de las veces la única manifestación en el paisaje que origina el proceso kárstico, es la apertura espontánea de socavones, tal y como ocurre en el término municipal de Serrejón (aunque en la actualidad no queda rastro de ellos ya que han sido rellenados). Los únicos ejemplos de endokarst que se han localizado son las pequeñas e inactivas cuevas del Republicano y de la Zorra en el término municipal de Romangordo (Figura 2).

4.2 CUEVA DE CASTAÑAR DE IBOR

Esta cueva es el mejor ejemplo de la zona desde el punto de vista espeleológico por la impresionante cantidad, variedad y belleza de espeleotemas que contiene. Se podría decir que su colección de excéntricas en aragonito la coloca a la altura de las mejores cavidades españolas. Se localiza en la hoja n° 681 del mapa topográfico del Servicio Geográfico del Ejército.

Descubierta en 1967 a consecuencia de un hundimiento que abrió la boca actual en la margen derecha del arroyo de los Lagares, afluente del Ibor. Un pequeño y estrecho pozo que acaba en rampa conduce al interior de la cavidad que se desarrolla en un lentejón calcáreo, prácticamente desaparecido como consecuencia del proceso de disolución, de tal manera que a techo afloran profusamente pizarras tan fracturadas que se observan desprendimientos a lo largo de toda la cueva (Figura 3).

Figura 3

6

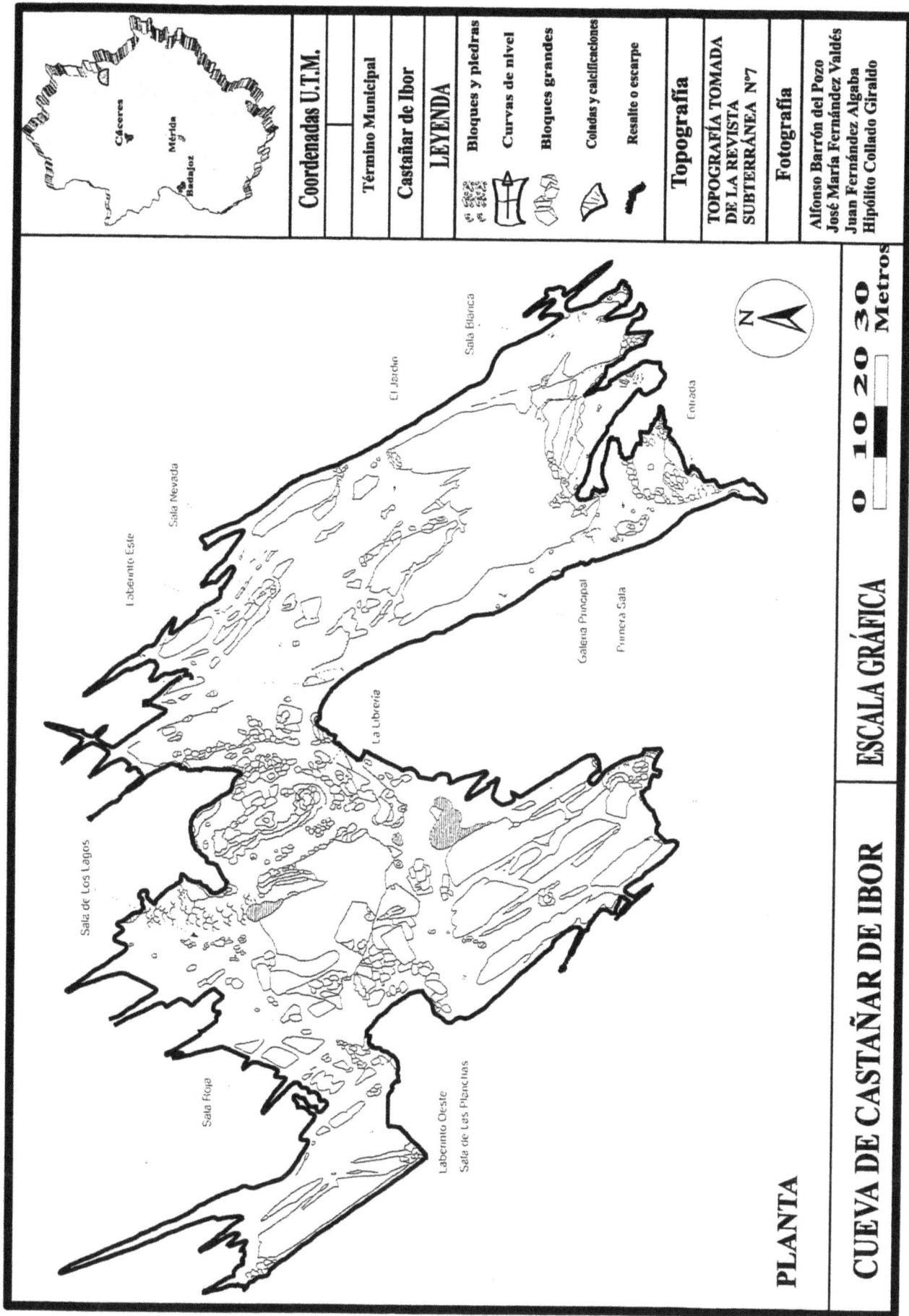

PLANTA

CUEVA DE CASTAÑAR DE IBOR

ESCALA GRÁFICA

0 10 20 30
Metros

Coordenadas U.T.M.

Término Municipal

Castañar de Ibor

LEYENDA

Bloques y piedras

Curvas de nivel

Bloques grandes

Coladas y calcificaciones

Resalte o escarpe

Topografía

TOPOGRAFÍA TOMADA
DE LA REVISTA
SUBTERRÁNEA Nº7

Fotografía

Alfonso Barrón del Pozo
José María Fernández Valdés
Juan Fernández Algaba
Hipólito Collado Giraldo

Cáceres
Mérida
Badajoz

Sala Blanca

El Jardín

Entrada

Sala Nevada

Laberinto Este

Galería Principal

Primera Sala

La Librería

Sala de Los Lagos

Sala Roja

Laberinto Oeste
Sala de Las Planchas

Figura 4

7

Esta cavidad tiene un recorrido prácticamente horizontal, con un único piso de aspecto ligeramente laberíntico y, en general escasa altura (Figura 4). Es una cueva activa y muy frágil, tanto por los desprendimientos antes reseñados como por las características de sus depósitos litoquímicos (Figura 5).

Figura 5

4.3 CUEVA DE MINA DE IBOR

Está situada en el término municipal de Castañar de Ibor, al NO de la población en la margen derecha del río Ibor. Se accede a ella a través de una pista que parte aproximadamente del kilómetro dos de la carretera de Castañar de Ibor a Robledollano para continuar en paralelo con el río hasta llegar prácticamente al farallón rocoso en el que se ubica la cueva. Se localiza en la hoja n° 681 del mapa topográfico E. 1:50.000 del Servicio Geográfico del Ejército.

Esta cavidad tiene un desarrollo muy pequeño y escasa variedad y cantidad de espeleotemas, reduciéndose éstos a alguna colada y pisolitos. Su boca, que se abre a unos 15 m sobre el curso del río Ibor con orientación Oeste, estaba prácticamente colmatada por piedras empastadas en una matriz arcillosa, por lo que, cuando se iniciaron los trabajos en ella, se agrandó y se protegió con una puerta metálica.

La cueva prosigue a través de una galería de sección ojival, bastante colmatada de depósitos arcillosos (Figura 6), que hacia la entrada tiene 1,5 m de anchura y otro tanto de altura máxima, con una orientación O/E, y cuando a unos 5 m gira a una posición NO/SE, se va estrechando en forma de embudo hasta alcanzar unos 50 cm de anchura, y acaba desembocando en una sala prácticamente colmatada a causa de fenómenos de incasión.

Figura 6

A ambos lados de esta galería salen otras dos perpendiculares a ella que parecen tener un origen artificial (Figura 7).

Si el interés espeleológico de esta cavidad puede resultar escaso, no sucede lo mismo con su interés arqueológico. En su interior se puede observar un pequeño panel con grabados de animales de clara filiación paleolítica (Collado y Ripoll, 1996) (Figura 8).

Éste se encuentra en la zona central de una colada calcítica situada en la parte derecha de la galería principal, a unos 15 m de la entrada y a una altura de 0,90 m. desde el nivel actual del suelo, en una zona donde se produce un acusado estrechamiento de la cavidad, lo que ha dificultado las tareas a la hora de documentar los grabados.

Se observa que las figuras han sido realizadas mediante un grabado muy fino y lineal de sección en "U" o "V". El hecho de que los trazos se encuentren totalmente patinados y recubiertos por una fina capa calcítica, unido a sus caracteres estilísticos, parece confirmar la antigüedad de las representaciones.

Son un total de siete motivos, zoomorfos, incompletos en todos los casos, además de una serie de trazos indefinibles que se distribuyen por toda la superficie del panel.

Representación 1

Prótomos de cérvido orientado a la derecha en posición horizontal. La figura se inicia con la línea del cuello, la quijada resuelta con un trazo horizontal, el morro de forma subtriangular y la testuz que no presenta la protuberancia ocular y se prolonga hasta la parte superior de la cabeza, donde se ha representado la cornamenta del animal con una gran simplicidad, mediante un haz de trazos muy desarrollados practicados en ángulo y convergentes en la zona inferior. En la parte posterior de las astas se aprecia una línea ligeramente curva que representa la oreja, desde donde arranca un único trazo que define la parte cérvico dorsal de esta figura, que desaparece sin completar su total desarrollo (Figura 9).

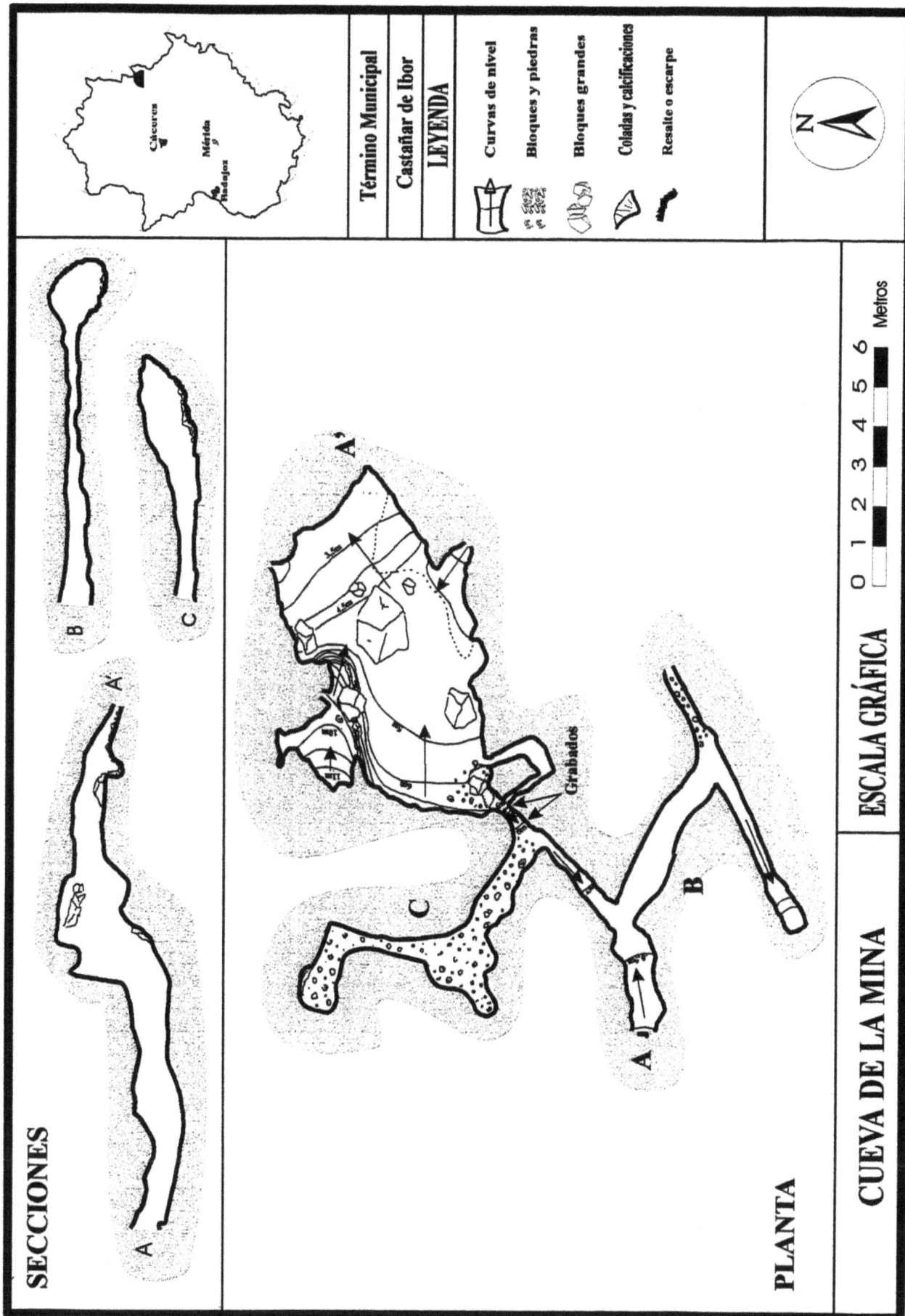

SECCIONES

LEYENDA

Término Municipal
Castañar de Ibor

Curvas de nivel
Bloques y piedras
Bloques grandes
Coladas y calcificaciones
Resalte o escarpe

Grabados

PLANTA

CUEVA DE LA MINA

ESCALA GRÁFICA

0 1 2 3 4 5 6
Metros

Figura 7

9

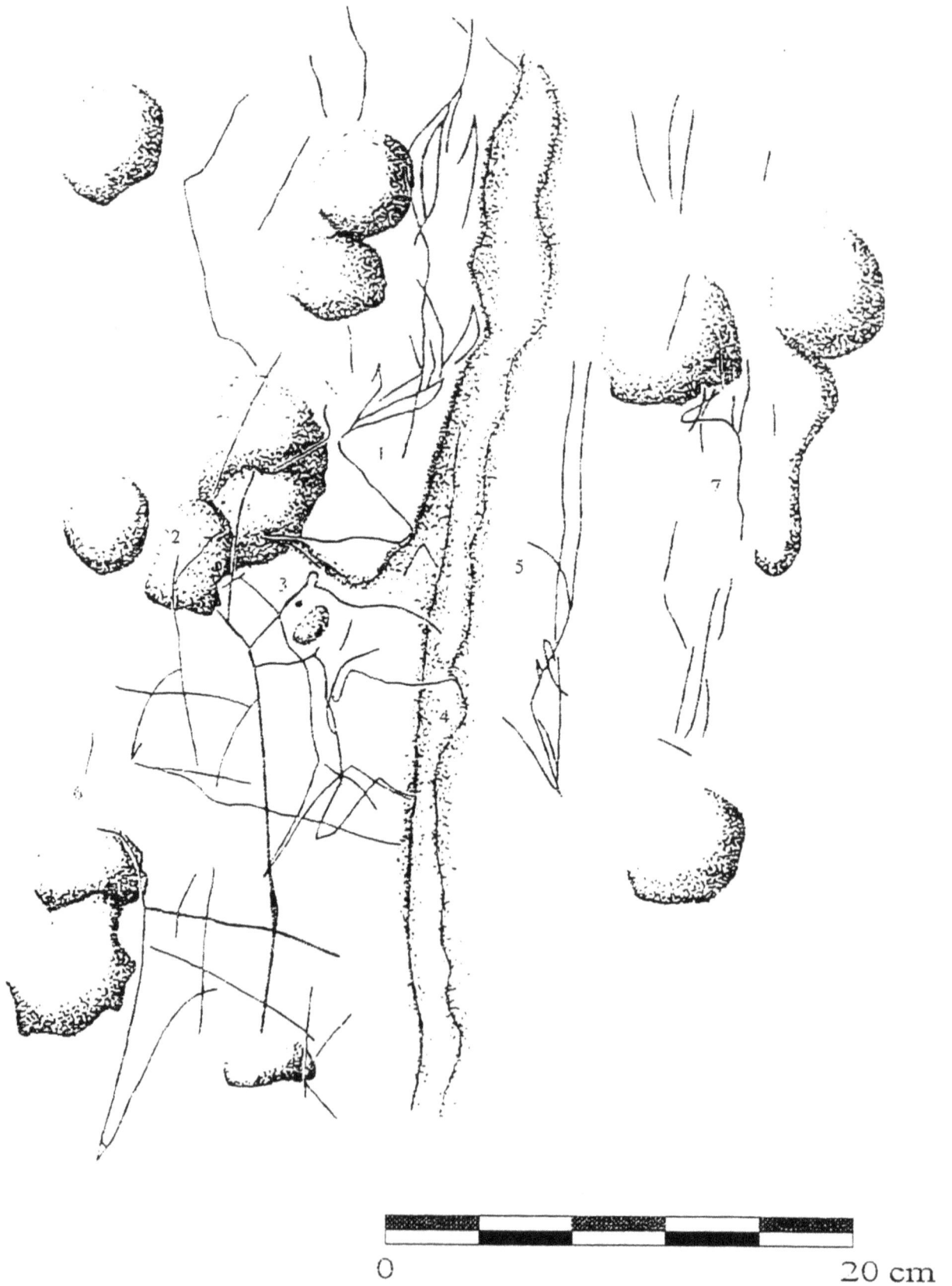

Figura 8.- Calco de los Grabados de la cueva de Mina de Ibor

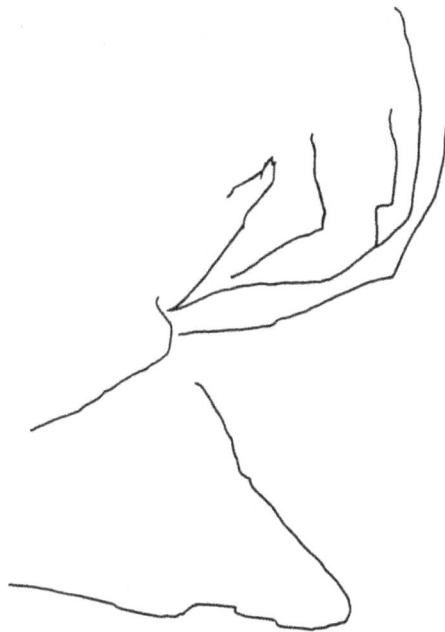

Figura 9

Representación 2

Representación incompleta de équido en posición horizontal dispuesto hacia la izquierda. Situado inmediatamente por debajo de la figura anterior, el grabado comienza en la curva cérvico dorsal a la altura del cuello, sin representación de la crinera. La línea desaparece bajo la colada, para volver a ser retomada en la frente, que se nos muestra ligeramente abombada, al igual que la testuz, donde vuelve a desaparecer sin haber completado el morro, que se insinúa. El grabado continúa en la quijada, muy poco marcada en esta zona, y desde ella arranca la línea del cuello, muy alargado, para prolongarse en el pecho, que deja paso a las extremidades

el extremo. Al igual que el cérvido anterior, este équido está realizado con un trazo lineal en "U" y escasamente llega a superar el milímetro en anchura o en profundidad (Figura 10).

Representación 3

Superpuesta a la figura anterior se dispone una nueva representación parcial de un prótomos de cuadrúpedo mirando hacia la izquierda. La curva cérvico dorsal está incompleta, comenzando a la altura del cuello y subiendo prácticamente desde la cruz hasta la línea cérvico dorsal, que no se representa, para rematar en una oreja lobulada, en posición vertical y ligeramente inclinada hacia atrás, que es más estrecha en la zona de contacto con la cabeza que en el extremo distal. Desde la oreja desciende un trazo profundo y ligeramente abombado que marca la frente y el morro, resuelto con forma subrectangular. Como en la figura anterior, parece que esta ligera inflexión de la frente podría responder al globo ocular, cuyo ojo circular parece, en esta figura, que está representado por un leve piqueteado muy fino. La cabeza se complementa con una mandíbula no excesivamente señalada, que penetra ligeramente hacia el interior de la misma. Queremos destacar el especial aprovechamiento de la roca soporte par dar volumen a esta cabeza. Toda la parte interior de la mandíbula se sitúa englobando una pequeña protuberancia, lo que incide en el factor bidimensional y habilidad del artista para aprovechar esta superficie al configurar la cabeza de este animal. Desde aquí parte la incisión que representa el cuello, algo flexionado hacia el interior, sin que podamos pensar que hubiera tenido extremidades. El surco difiere tipológicamente de las dos figuras anteriores, siendo un único trazo lineal de sección en "V", muy fino en cuanto a anchura, aunque más marcado en profundidad, lo que redunda en una fácil observación de la figura 11.

Figura 10

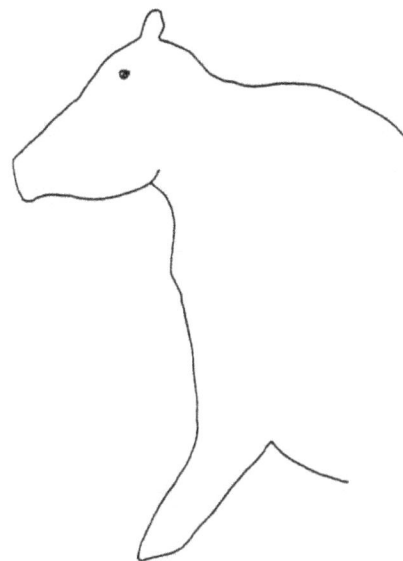

Figura 11

delanteras, donde se nos muestra una sola pata resuelta en un trazo doble convergente en ángulo, que no llega a juntarse en

En cuanto a la identificación zoológica, podría tratarse de un oso. En estos animales el morro aparece proyectado hacia adelante cuando son pequeños, dándoles un aspecto prognato, que en la madurez se redondea al aumentar la pilosidad general de la cabeza y el cuerpo. Por otra parte, la oreja (redondeada), también sigue el esquema de este tipo de representaciones (Figura 12).

Figura 12

Representación 4

Dentro de la figura anterior, a la altura de su cuello, se localizan restos muy fragmentados de un nuevo animal, prácticamente perdido. Está orientado a la derecha, conservándose únicamente los cuartos traseros. El grabado se inicia en la grupa, un tanto angulosa, prolongándose a continuación el anca y la extremidad trasera, resuelta de forma casi rectangular. El aspecto general de la pata da la sensación de ser muy breve y estar incompleta, obviando detalles específicos como pueden ser los cascos. La parte inferior de la pata se ha solucionado con un trazo perpendicular que cierra el apéndice y, desde aquí, continúa un trazo ligeramente curvado para indicar la curva ventral .

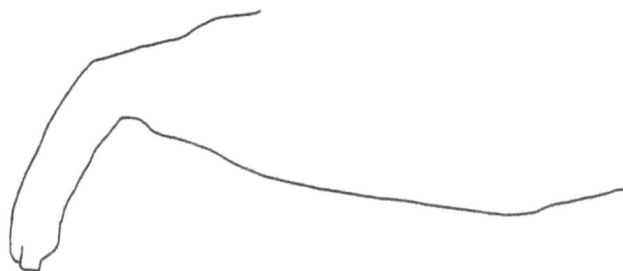

Figura 13

El arranque de esta nos da una idea de la inflexión que

podría haber adoptado el vientre de este animal. Se trataría posiblemente, de un nuevo ejemplo de équido. Para su realización se ha empleado un grabado único de tipo lineal en "U", fino y de escasísima profundidad, lo que dificulta su observación si no es con una adecuada iluminación (Figura 13).

Representación 5

Representación de los cuartos traseros de un cuadrúpedo orientado hacia la izquierda. La incisión muy fina y somera con que ha sido ejecutada la figura y el hecho de estar muy perdida bajo la colada calcítica, dificultan en gran medida su visión completa (Figura 14).

Figura 14

Representación 6

En la parte inferior izquierda del panel se ha localizado esta otra figura que representa un animal acéfalo, posiblemente un équido, orientado a la izquierda en posición horizontal, resuelto mediante dos líneas grabadas independientes. La superior se inicia a la altura del dorso, para subir ligeramente por encima de la cruz marcando la zona del cuello sin el más leve atisbo de intentar mostrar la crinera del animal. El trazo inferior se retoma en la zona baja del cuello, desde donde va describiendo una curva que marca la línea del pecho, que desemboca en la pata delantera, resuelta igualmente con sendos surcos convergentes. La extremidad está cerrada en ángulo por la parte inferior y con indicación de un despiece que hemos identificado como un posible casco. La inflexión hacia la derecha del trazo interior de la pata parece querer figurar el inicio de la línea ventral, punto éste en que desaparece la representación. El trazo empleado en su realización es único y de tipo lineal en "U", ligeramente más ancho que el de las anteriores figuras, pero de muy escasa profundidad (Figura 15).

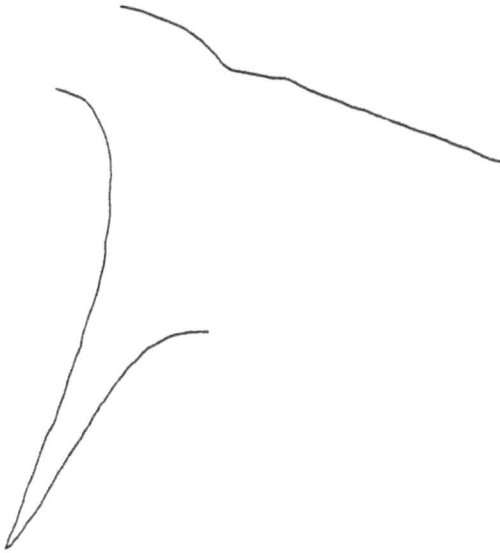

Figura 15

Representación 7

Pequeña representación de cérvido dispuesto hacia la izquierda, situado en el extremo derecho y central del panel, dentro de una acanaladura de la colada, que en esta zona está más activa, lo que provoca que la figura esté bastante perdida. Se distingue la cabeza, de forma subtriangular, con el morro redondeado, prolongándose con el mismo trazo la línea del pecho. En la parte superior se aprecia con dificultad el asta en posición vertical, de la que sale una incisión perpendicular breve, posiblemente la luchadera, debido a su posición baja y proyectada hacia adelante. El resto de la figura no se distingue; en parte, porque se trata de una zona marginal del panel decorado (Figura 16).

El repertorio figurativo de la cueva de la Mina de Ibor, sigue la corriente iconográfica de las estaciones con manifestaciones de arte paleolítico de la zona extracantabrica. La fauna representada, fundamentalmente caballos y ciervos, incluye, sin embargo, un animal escasamente representado en el arte cuaternario como es el oso. En la Península son bastante escasas las representaciones de úrsidos, limitándose a la pareja de Ekain (Guipuzcoa) (Altuna y Apellaniz, 1978), el de la cueva de Santimamiñe (Vizcaya) (Apellaniz, 1992), Venta la Perra (Vizcaya) y, ya en Cantabria, el de la cueva de las Monedas (Ripoll, 1955).

4.4 ZONA DE LAS VENERAS

Está situada al NE del término municipal de Campillo de Deleitosa, en la margen derecha del arroyo del Castillo. Se accede a ella a través de una pista que sale a la izquierda, aproximadamente en el Km 6, de la carretera que va desde Mesas de Ibor a Valdecañas de Tajo. Se localiza en la hoja n° 652 (Jaraicejo) del mapa topográfico E. 1:50.000 del Servicio Geográfico del Ejército.

Pertenece al cejo calizo que siguiendo la dirección NO/SE se extiende, de forma más o menos intermitente, desde Almaraz hasta Navalvillar de Ibor, cruzando el río Tajo.

Esta zona presenta numerosas cavidades, en su mayoría de origen antrópico, o en cualquier caso modificadas por el hombre, resultado de la búsqueda de menas de minerales.

En general se podría decir que las cavidades son de pequeño recorrido, con potentes sedimentos arcillosos, que en algunos casos hacen peligrosa la exploración, ya que se derrumban (figura 17). De todas las visitadas sólo se ha topografiado una que presenta signos de una incipiente actividad kárstica (figura 18).

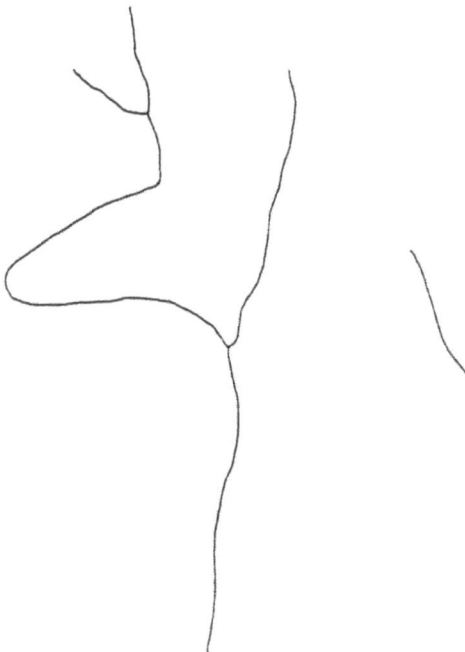

Figura 17

Figura 16

13

ALZADO

PLANTA

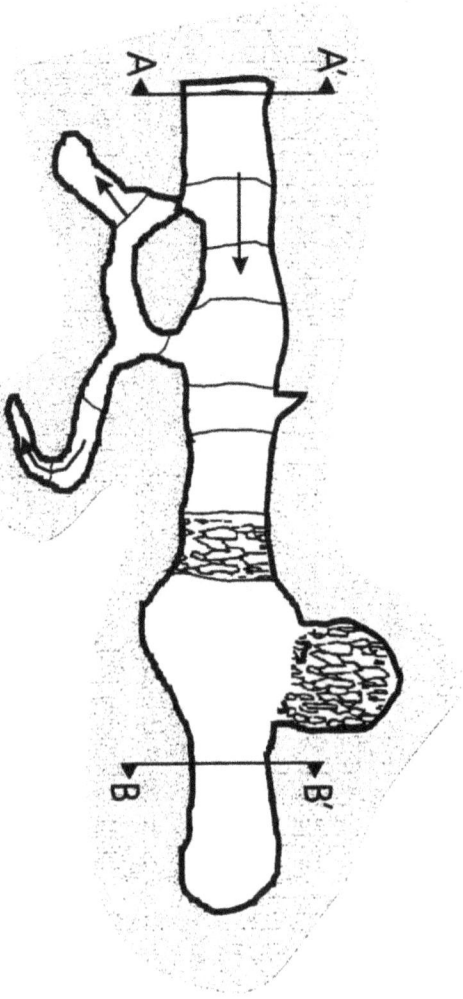

CUEVA DE LAS VENERAS

ESCALA GRÁFICA

0 1 2 3 4 5 6 Metros

Término Municipal
Campillo de Deleitosa
LEYENDA

Curvas de nivel

Bloques pequeños

Bloques medianos

Estalactitas y Coladas

N

Figura 18

14

4.5 ZONA DEL CERRO DEL CASTILLEJO

Situada en los términos municipales de Fresnedoso de Ibor (en su mayor parte), al NNE del núcleo de población, y de Bohonal de Ibor. Se localiza en la hoja nº 653 (Valdeverdeja) del mapa topográfico E. 1:50.000 del Servicio Geográfico del Ejército.

El acceso al afloramiento se realiza a través de la carretera de Fresnedoso de Ibor a Bohonal de Ibor. Aproximadamente en el Km 2, a la derecha de la carretera, aparece una estrecha y larga banda calcárea, que produce un relieve positivo en el paisaje, denominado, en el pueblo, "Cerro del Castillejo", que se extiende con dirección NO/SE, aproximadamente por la cota de los 500 m.

En este paraje se han localizado dos cavidades naturales de muy pequeño recorrido y sin interés arqueológico (Figura 19):

*Cueva del Cerro del Castillejo: Está situada en la parte superior del cerro. Se trata de una pequeña sima de unos tres metros de profundidad que se encuentra parcialmente soterrada. A escasos metros, en el lateral del cortado que hay en sus proximidades, se abre una ventana de muy escaso recorrido, con orientación hacia la sima y que probablemente se una con ella por conductos no practicables. (Figura 20).

Figura 20

* Cueva de Datas del Río: Está situada a unos 200 metros de las cavidades anteriores. Presenta una longitud de unos 10 metros y su boca está camuflada entre la vegetación. El acceso se realiza por una rampa pronunciada que llega a una galería horizontal en la que se detectan signos de excavación artificial; posiblemente se trata de un ensanchamiento de una gatera natural ya que existen huellas de disolución en el techo. El suelo es arenoso y con algunas piedras de bordes angulosos.

4.6 ZONA DE CASAS EL MANANTÍO

Se ubica en el término municipal de Fresnedoso de Ibor, en un calizo exhumado gracias a la acción erosiva del arroyo Manantío, que discurre con la misma dirección de la corrida calcárea. Está situada en la hoja nº 652 (Jaraicejo) del mapa topográfico E. 1:50.000 del Servicio Geográfico del Ejército.

Se accede a esta zona por medio de una pista que sale a la derecha de la carretera que une Fresnedoso de Ibor con Valdecañas de Tajo, a la altura del Collado de Sancho Ballesteros; desde el fondo del valle se continúa a pie, ascendiendo por un monte cubierto de matorral bajo (retamas, jaras y tomillos) y árboles dispersos (encinas acebuches y almendros), hasta prácticamente culminar el afloramiento, donde se abren las cavidades .

Se trata de pequeñas cuevas inactivas con gran abundancia de sedimentos arcillosos y derrumbes, que han sido utilizadas y modificadas por el hombre: hace tiempo por labores de minería (en las proximidades se encuentran las canteras y minas de Santa Isabel) y actualmente con la ganadería, ya que algunas se utilizan esporádicamente como rediles (Figura 21).

Cueva CM1: Parece excavada en arcillas o limonitas, pero hay calizas a techo. La boca se abre al valle del arroyo Manantío. La galería principal desciende suavemente siguiendo la dirección 115ºE , y a la izquierda se abre una galería artificial, que asciende hasta conectar con la superficie (Figura 22).

Figura 22

Cueva CM2: Está situada a unos 50 m al oeste de la anterior. La entrada está cerrada por un cercado de pastores que forma -casi- un amplio círculo. No llega a ser una cueva con desarrollo, sino que es una especie de cúpula, que forma un gran abrigo, con un desplome cenital que lo abre al exterior, y deja un pequeño cono en el interior (Figura 23).

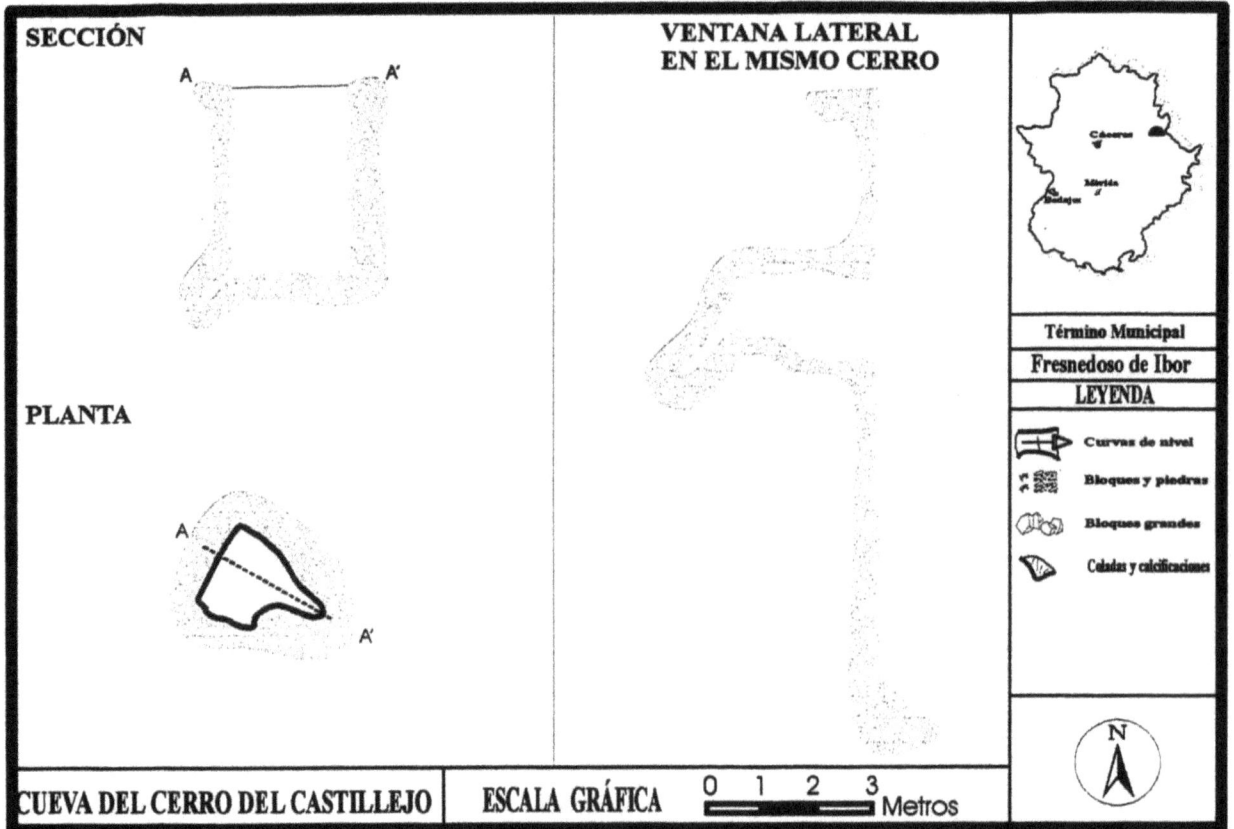

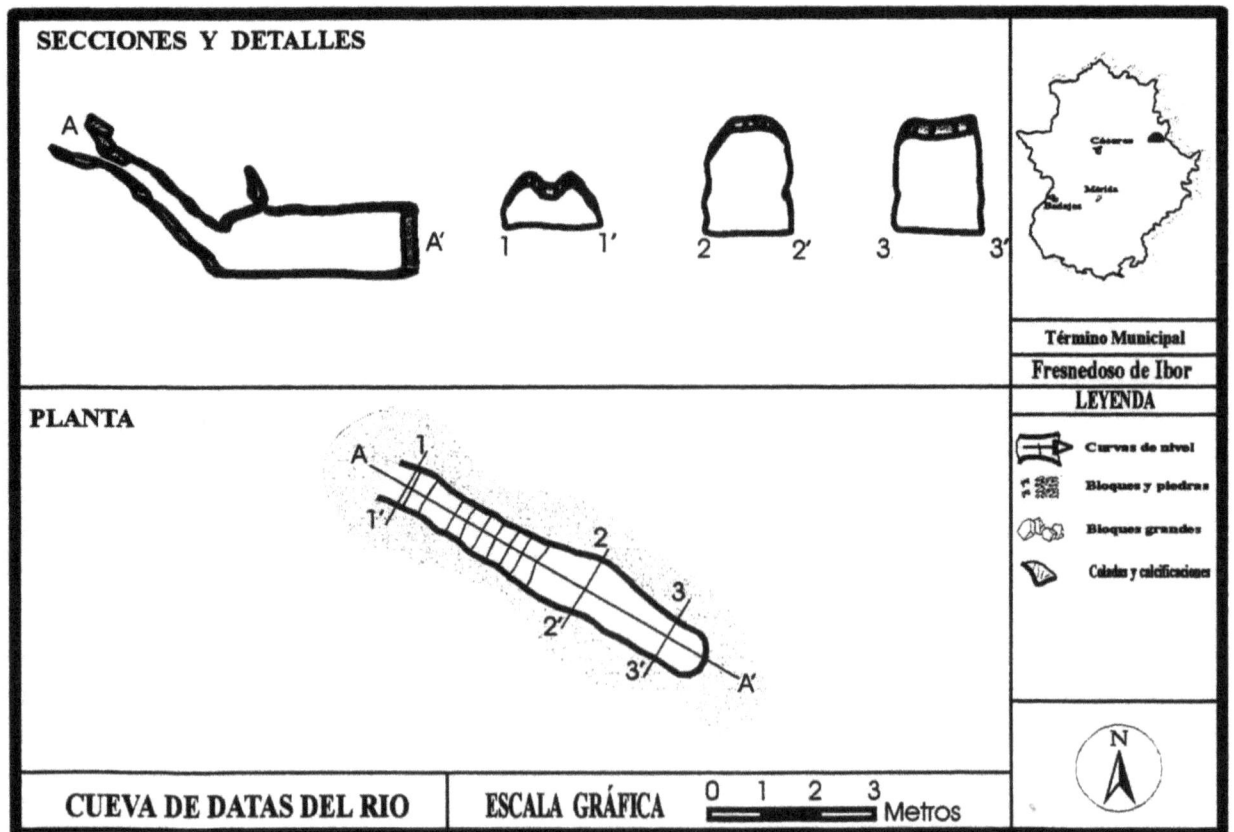

SECCIÓN

A ———— A'

VENTANA LATERAL
EN EL MISMO CERRO

PLANTA

A

A'

Término Municipal

Fresnedoso de Ibor

LEYENDA

Curvas de nivel

Bloques y piedras

Bloques grandes

Coladas y calcificaciones

CUEVA DEL CERRO DEL CASTILLEJO

ESCALA GRÁFICA

0 1 2 3 Metros

N

SECCIONES Y DETALLES

A

A'

1 1' 2 2' 3 3'

Término Municipal

Fresnedoso de Ibor

LEYENDA

Curvas de nivel

Bloques y piedras

Bloques grandes

Coladas y calcificaciones

PLANTA

A 1
1'
2
2'
3
3'
A'

CUEVA DE DATAS DEL RIO

ESCALA GRÁFICA

0 1 2 3 Metros

N

Figura 19

16

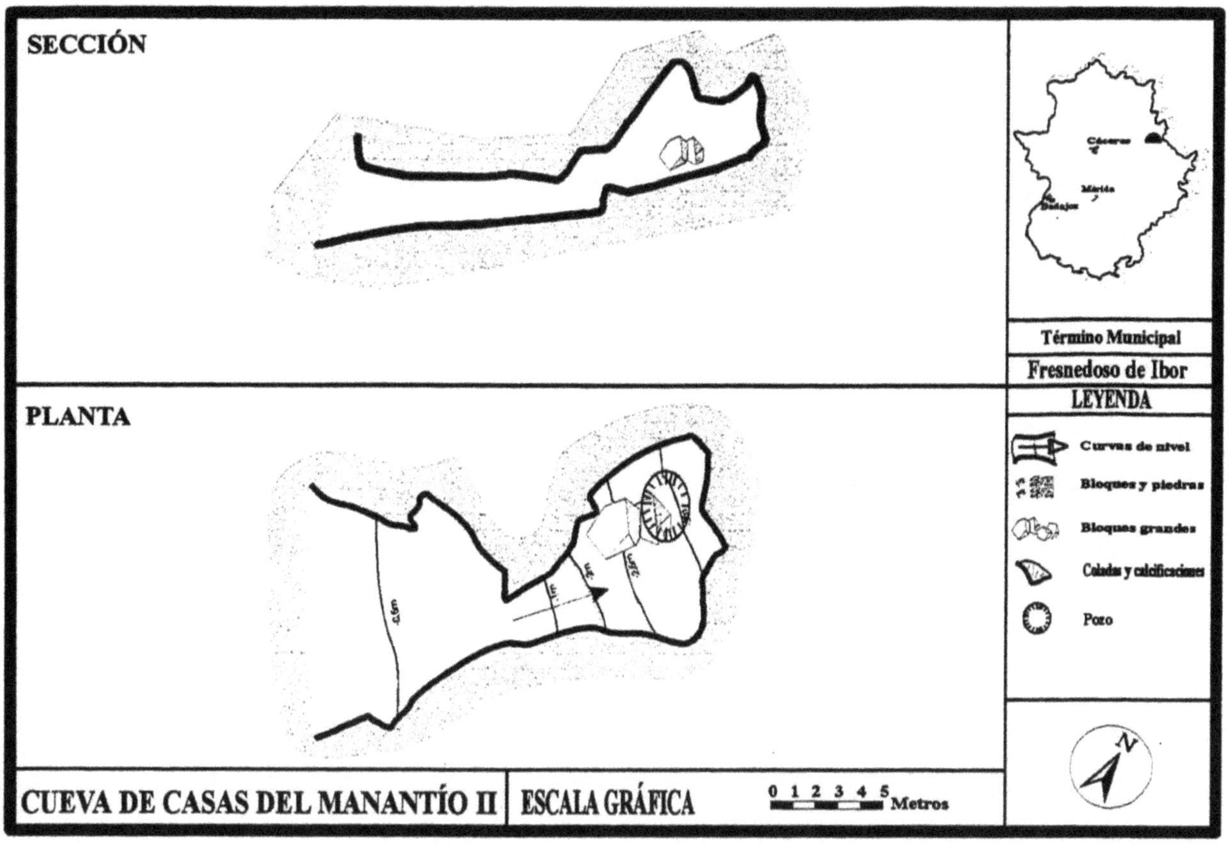

SECCIÓN

PLANTA

CUEVA DE CASAS DEL MANANTÍO II | ESCALA GRÁFICA | 0 1 2 3 4 5 Metros

Término Municipal
Fresnedoso de Ibor
LEYENDA

Curvas de nivel
Bloques y piedras
Bloques grandes
Coladas y calcificaciones
Pozo

SECCIÓN

PLANTA

CUEVA DE CASAS DEL MANANTÍO I | ESCALA GRÁFICA | 0 1 2 3 4 5 Metros

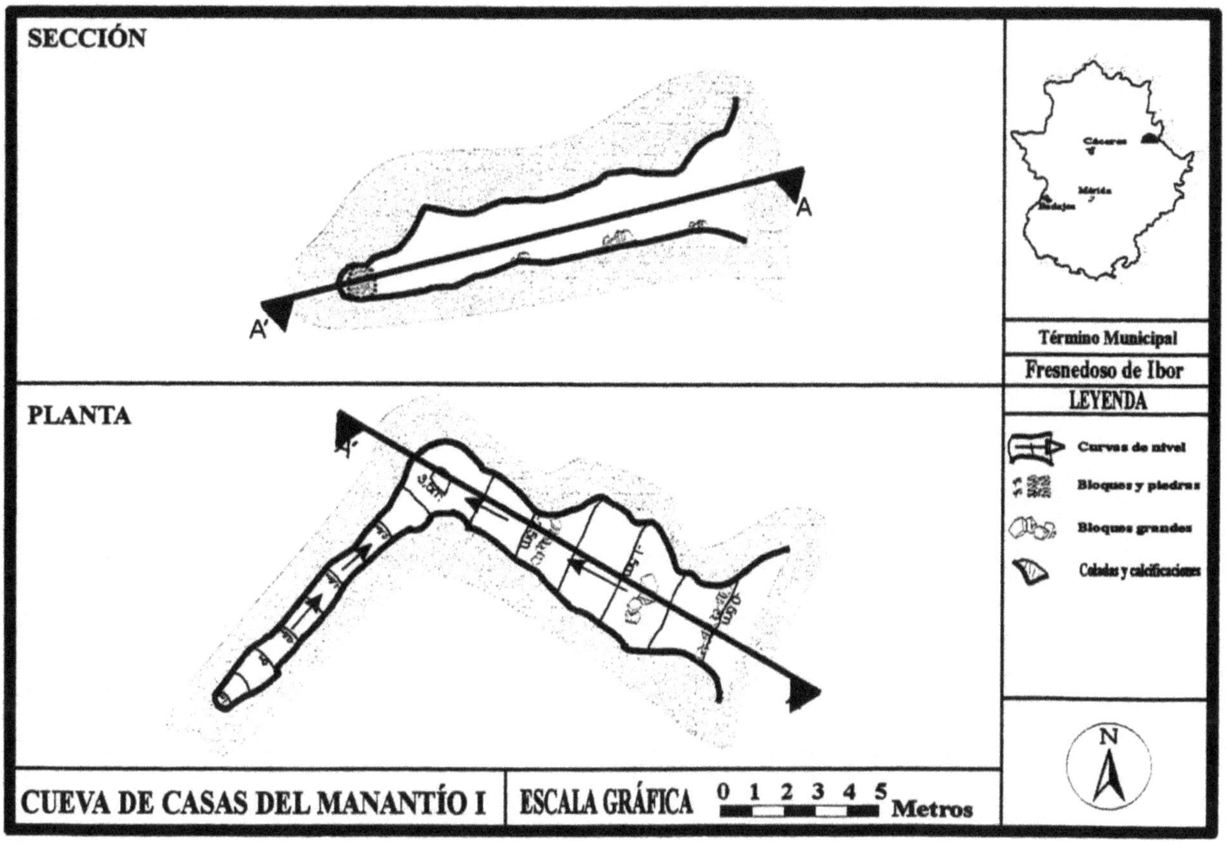

Término Municipal
Fresnedoso de Ibor
LEYENDA

Curvas de nivel
Bloques y piedras
Bloques grandes
Coladas y calcificaciones

Figura 21

17

Figura 23

Figura 25

4.7 CUEVA DEL REPUBLICANO

Está situada en el termino municipal de Romangordo, en el paraje conocido como "El Cabezo", próximo al núcleo de población. Se accede a ella a través de una pista que sale del pueblo con dirección OSO hasta llegar al valle del arroyo Garganta; cuando empieza a discurrir paralela al cauce del río, se abandona para cruzar el arroyo y ascender por la otra margen hasta llegar al afloramiento. Se localiza en la hoja nº 652 "Jaraicejo" del mapa topográfico e. 1:50.000 del Servicio Geográfico del Ejército.

La cueva es de pequeñas dimensiones con una boca grande (Figura 24) que comunica con una sala-galería, que sigue una dirección más o menos paralela al escarpe del

Figura 26

Figura 24

4.8 CUEVA DE LA ZORRA

Está situada en las inmediaciones de la anterior. bocas que convergen inmediatamente en una peq De ésta parte una estrecha gatera que a los pocos ensancha y origina una pequeña sala de la que ɪ ramificaciones, dos de ellas rápidamente se con impenetrables y la tercera regresa, mediante un gatera, a la entrada (Figura 28).

afloramiento (NO/SE),con una morfología en enrejado (Figura 25) y muy "superficial", sólo hay una pequeña gatera (Figura 26) que se introduce unos metros hacia el interior del paquete carbonatado, siguiendo la dirección N260O (Figura 27).

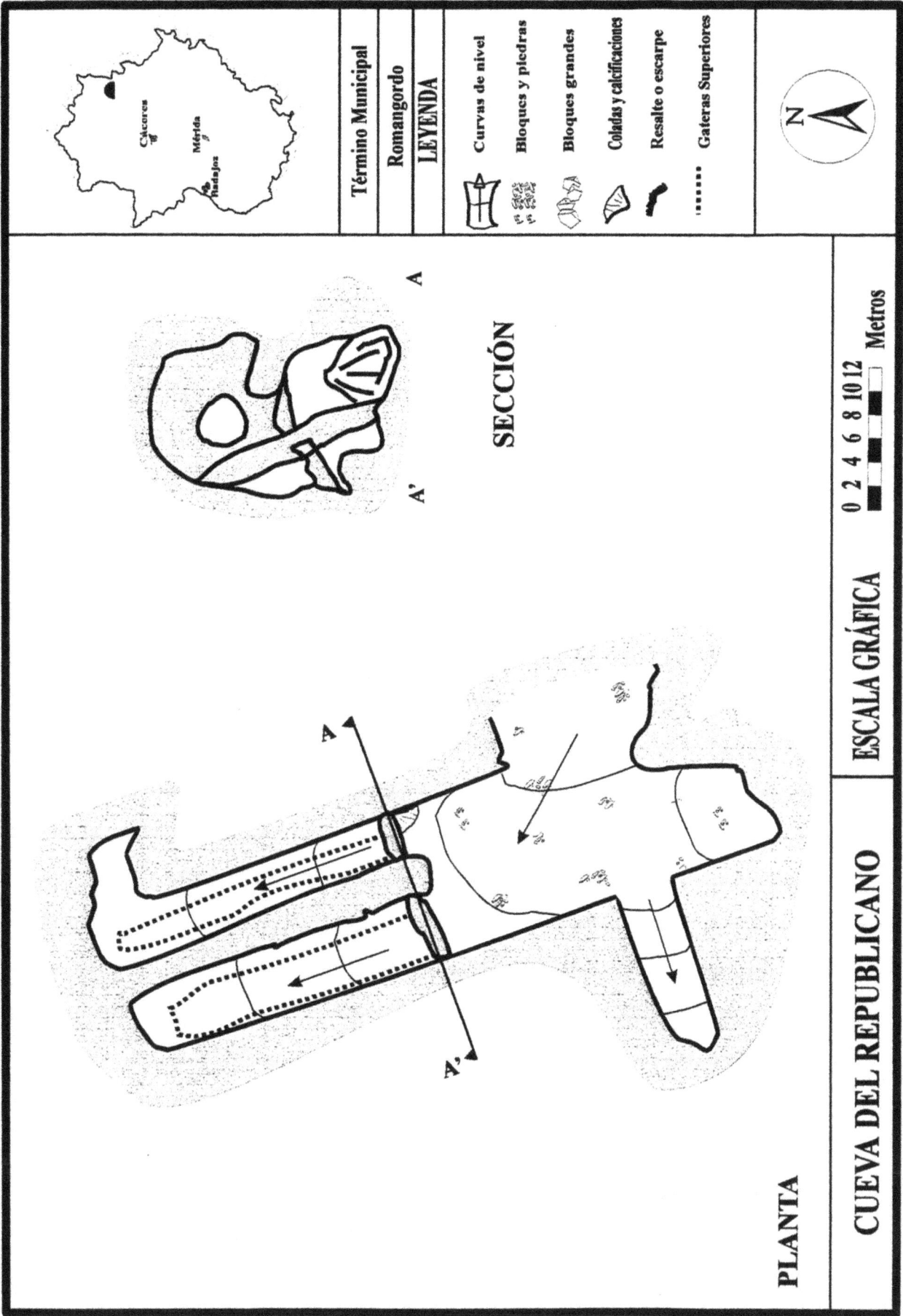

PLANTA

CUEVA DEL REPUBLICANO

ESCALA GRÁFICA

Término Municipal
Romangordo

LEYENDA

Curvas de nivel

Bloques y piedras

Bloques grandes

Coladas y calcificaciones

Resalte o escarpe

Gateras Superiores

SECCIÓN

A — A'

0 2 4 6 8 10 12 Metros

N

Cáceres
Mérida
Badajoz

Figura 27

19

SECCIONES

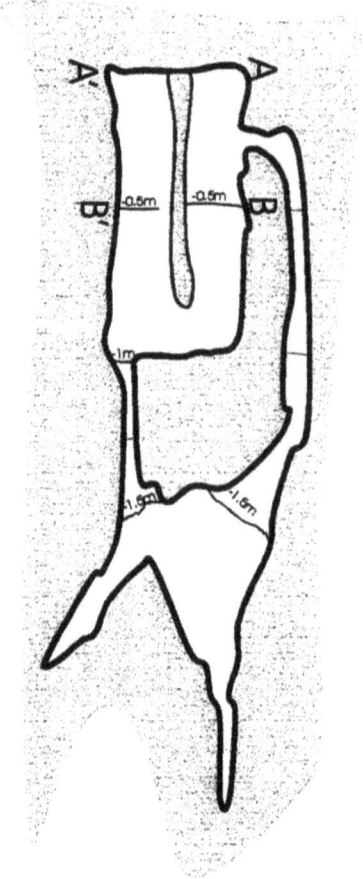

CUEVA DE LA ZORRA

ESCALA GRÁFICA

PLANTA

LEYENDA

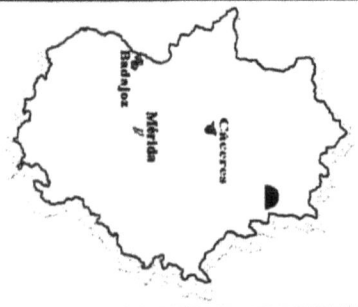

Término Municipal
Romangordo

Curvas de nivel

Bloques y piedras

Bloques grandes

Coladas y calcificaciones

Resalte o escarpe

Figura 28

5. EL CALERIZO CACEREÑO

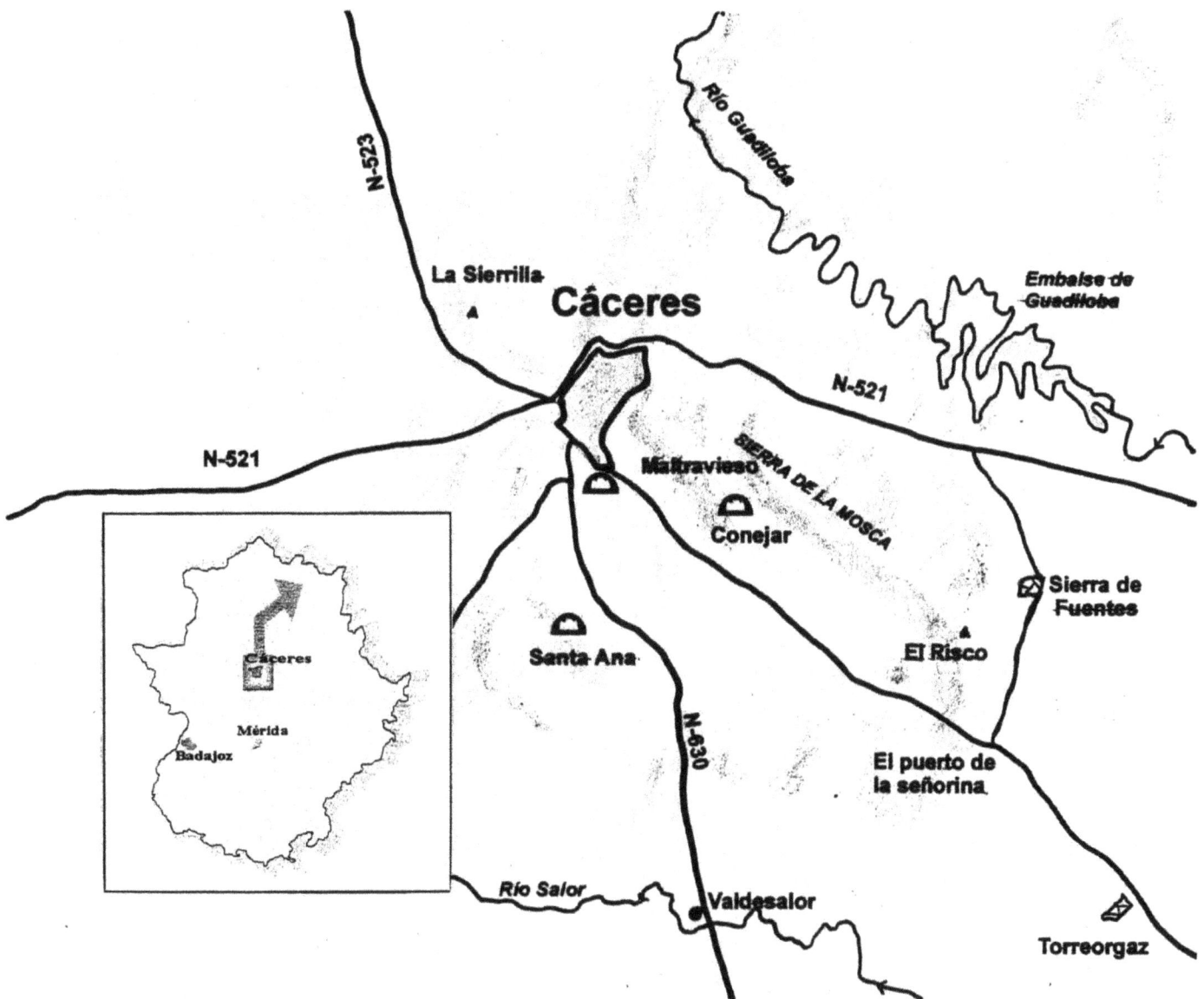

Figura 29

5.1 BREVE DESCRIPCIÓN GEOLÓGICA Y MORFOLÓGICA.

El Calerizo de Cáceres es un estrecho horizonte de rocas carbonatadas que, siguiendo la dirección NO/SE, se extiende por el sur de la ciudad. Está incluido en el núcleo de una estructura sinclinal de edad paleozoica formada por materiales sedimentarios, de facies detrítica y química, plegados y fracturados por la orogenia Hercínica a los que la posterior erosión diferencial ha dejado en resalte sobre la serie precámbrica de la penillanura Trujillano-Cacereña.

Morfológicamente destacan las cuarcitas armoricanas que, al ser las rocas más resistentes a los procesos erosivos, han quedado en resalte sobre los demás materiales, de tal manera que bordean y definen topográficamente el sinclinal.

La serie estratigráfica del sinclinal se extiende desde el Ordovícico Inferior hasta el Carbonífero Inferior, y está constituida fundamentalmente por una alternancia de cuarcitas y pizarras, entre las que se incluyen minoritariamente, areniscas, ampelitas y tuff volcánicos. Los fósiles contenidos en los materiales carbonatados - crinoides, coralarios y algas- indican que éstos se depositaron en un mar somero durante el Carbonífero Inferior. Desde el punto de vista litológico consisten en calizas y dolomías marmóreas interestratificadas, de color gris muy enmascarado por la abundante arcilla roja de descalcificación resultante de la actividad kárstica.

Las características y disposición de los materiales que forman el sinclinal, al orientar la escorrentía hacia el interior de la estructura, propician la karstificación de los sedimentos carbonatados que en él afloran, a la vez que los convierten en un importante acuífero (Gurría, J.L. y Sanz, Y., 1979).

Por lo tanto el proceso kárstico ha producido formas de modelado tanto externas como internas. Así en el calerizo aparecen abundantes formaciones exokársticas, como lapiaces y dolinas, en general cubiertas por una abundante capa de terra-rossa ; y también abundantes formaciones endokársticas: Maltravieso, Conejar, Santa Ana I y Santa Ana II.

Desde mediados del siglo pasado, con el descubrimiento y explotación de las minas de fosfatos, el Calerizo es una de las áreas preferentes de expansión de la ciudad (Gómez, D., 1978). El Calerizo cacereño ha sido explotado desde la antigüedad: ha llegado a tener abiertas más de treinta canteras -aunque en la actualidad sólo queden tres activas- y su acuífero bastaba para abastecer a la ciudad.

El progresivo abandono de las explotaciones, junto con los problemas geotécnicos, provocados tanto por las actividades extractivas como por los procesos kársticos, han sido la causa de que amplios sectores del Calerizo se hayan visto sometidos a un progresivo deterioro paisajístico y ambiental (Gil, J. y Encinas M.R., 1992).

Desde el punto de vista espeleológico, Carlos Callejo ha sido la persona que, hasta donde sabemos, mayor interés se ha tomado por el Calerizo: durante más de veinte años lo exploró, lo prospectó, lo investigó, intentó protegerlo y darlo a conocer. Él llega a conocer cinco cuevas, las cuatro que hemos citado y una desaparecida: la cueva de la Becerra, que visitó y fotografió en 1968 y que posteriormente desaparece tal y como él denuncia "...cegada por los derrubios de una importante explotación de gravas y arenas..". Callejo concluye su informe sobre las cavidades del Calerizo diciendo que "...del estudio y la observación del terreno se deduce que estas cuatro espeluncas no son o no han sido únicas..." (Callejo, C., 1977) , y aunque hasta el momento no se hayan detectado otras -de cierto interés- creemos también que, dadas las características de las conocidas hasta el momento, otros métodos de búsqueda propiciarían el descubrimiento de nuevas cavidades que ampliasen el patrimonio natural y posiblemente patrimonial de la ciudad.

5.2 CUEVA DE MALTRAVIESO

Esta cavidad está situada en las afueras de la ciudad de Cáceres, en la avda. de Cervantes (antigua carretera de Miajadas). Tanto ella como el resto de las del Calerizo se localizan en la hoja nº 704 del mapa topográfico del Servicio Geográfico del Ejército.

Como ya se dijo ésta es la cavidad que más ha trascendido debido a su gran interés arqueológico, ya que en ella han sido documentadas representaciones parietales y objetos muebles, además de restos humanos y animales que definen un amplio horizonte ocupacional que comienza en las últimas etapas del Paleolítico Inferior o ha comienzos de Medio y continúa durante el Paleolítico Superior, el Neolítico y la Edad del Bronce.

Se desarrolla prácticamente en el contacto con las pizarras y sigue la dirección N130ºE, que coincide con el eje del sinclinal en el que se aloja. Actualmente se extiende a lo largo de unos ciento treinta y cinco metros lineales, contando con todos los conductos penetrables, y ocupa una superficie aproximada de dos mil metros cuadrados.

Desde el punto de vista espeleológico la cueva no tiene gran complicación: como ya hemos dicho su trazado es prácticamente unidireccional en un solo nivel que discurre muy próximo a la superficie -en algunos puntos, a techo, sólo hay un espesor de roca de cinco o seis metros-. El llamado "piso superior" en el plano topográfico tiene unas dimensiones muy reducidas y está situado sobre la primera sala; se puede acceder a él tanto a través de ésta como desde una ventana situada sobre la boca de entrada a la cavidad. Por lo tanto se puede decir que consiste en una galería subhorizontal, y que periódicamente se ensancha formando salas ("Columnas", "Chimeneas", "Pinturas"...)(Figura 30).

Figura 30

La entrada actual es lo que queda de una antigua sala, exhumada y parcialmente destruida a consecuencia de unas voladuras que pretendían hacer avanzar un frente de cantera (Figura 31). Por este motivo se desconoce dónde pudiera haber estado la entrada natural (o entradas); aunque se apuntan dos posibilidades, bien en la zona ya destruida - cerca de la actual- bien al otro lado de la cueva si finalmente ésta continuase tras el cono de deyección. En cualquier caso habrían estado mucho tiempo selladas por sedimentos, ya que no hay referencia alguna de esta cueva antes de los años cincuenta.

Figura 31

Los conductos kársticos están parcialmente colmatados por rellenos mecánicos, de origen tanto autóctono como alóctono, así como por fenómenos de incasión, entre los que destacan los de la sala final con dos grandes conos de deyección, el último de los cuales la ciega. Los rellenos químicos no han producido formas notables, reduciéndose éstos a coladas parietales y estalagmíticas, estalactitas, pisolitos, microgours y algunas columnas. La actividad kárstica, aunque no intensa, continúa.

La acción antrópica ha sido muy acusada en esta cavidad, los trabajos que provocaron su descubrimiento siguieron realizándose durante algún tiempo más, de manera que se perdieron prácticamente dos salas. Posteriormente, en los años sesenta, para facilitar los trabajos de exploración y prospección arqueológica, se rebajó parte del suelo, creando un corredor a lo largo de toda la cueva, actuando sobre espeleotemas cuando fue preciso y, naturalmente, removiendo los depósitos mecánicos (Figura 32).

Figura 32

El largo período de abandono sufrido por la cueva parece que ha llegado a su fin y actualmente, desde que se inició el proceso de protección, se observan en ella signos evidentes de recuperación como, por ejemplo, el aumento de la humedad relativa que tan importante es tanto para la propia cavidad como para el patrimonio que en ella se alberga.

Por la gran importancia arqueológica que reviste esta cueva su levantamiento topográfico se realizó con suma precisión. Para la toma de datos se empleó un método mixto: por un lado en las salas se utilizó una estación total, y en zonas de conexión o difícil acceso brújula, clinómetro, jalones, distanciómetro de infrarrojos y cinta métrica. Para el levantamiento del plano se han tomado más de trescientos puntos (prestando especial atención a las salas con presencia de restos arqueológicos), diecinueve estaciones, múltiples croquis de secciones, etc. lo que nos ha permitido obtener un plano bastante detallado, con curvas de nivel cada tercio de metro, situando el cero en la entrada a la cueva. Asimismo se situó un punto fijo en la sala de las Chimeneas con el fin de poder realizar en otro momento nuevas tomas de datos, por si fuese necesario realizar una nueva topografía más detallada (Figura 33).

También se realizó un itinerario exterior a la cueva, para poder cuantificar el espesor de roca calcárea que existe sobre ella. Estimamos que dicho espesor es superior a los cinco metros en el punto más desfavorable, salvo oquedades no visibles.

Con objeto de no dañar la cavidad se sustituyó la tradicional iluminación mediante carburo, por iluminación eléctrica, tanto individualmente mediante el uso de frontales, como a mayor escala por medio de focos conectados a un grupo electrógeno situado en el exterior.

Retomando el plano puramente arqueológico, las evidencias

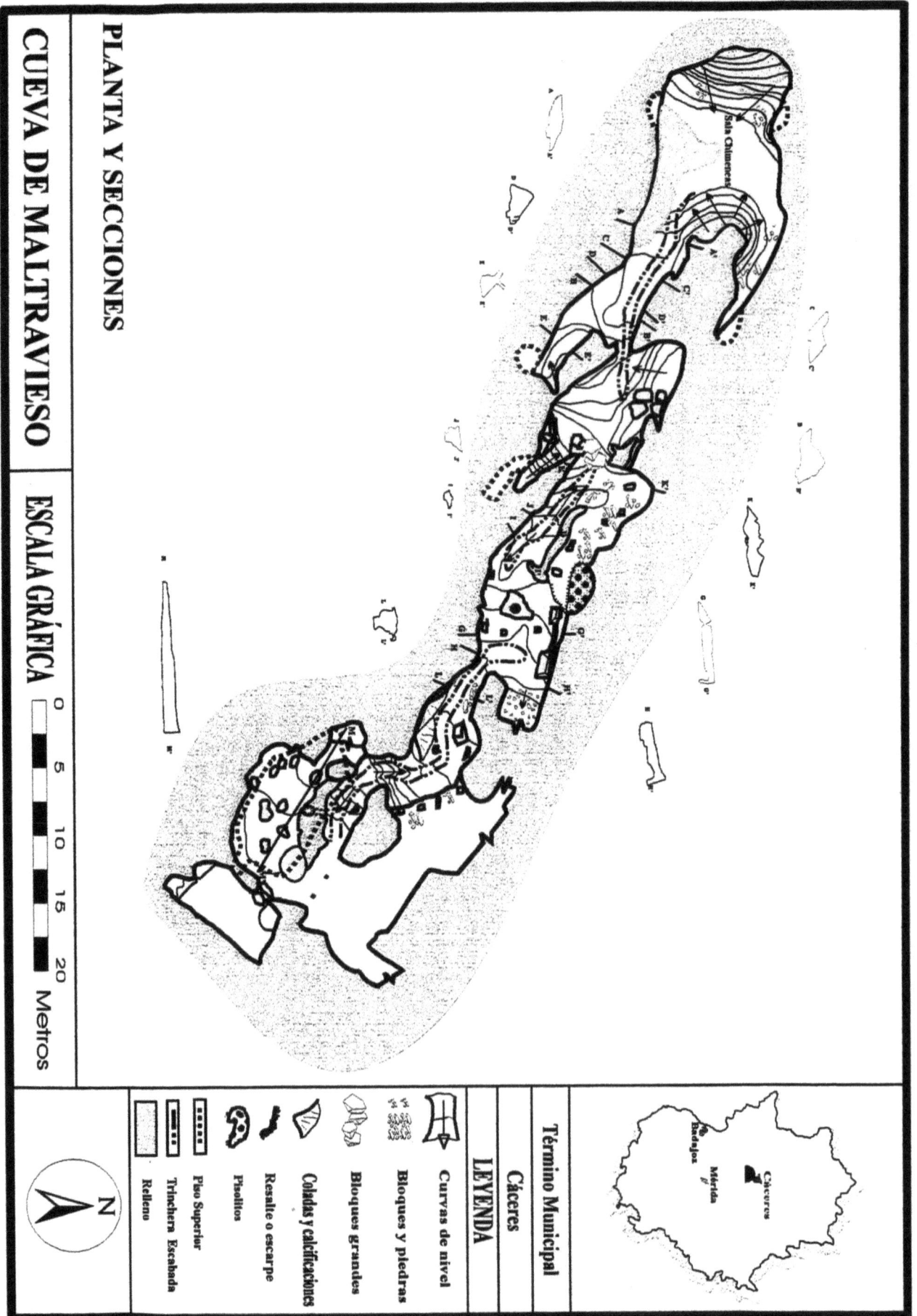

CUEVA DE MALTRAVIESO

PLANTA Y SECCIONES

ESCALA GRÁFICA

0 5 10 15 20 Metros

Término Municipal
Cáceres

LEYENDA

Curvas de nivel

Bloques y piedras

Colladas y calcificaciones

Bloques grandes

Resalte o escarpe

Piselitos

Piso Superior

Trinchera Escabada

Relleno

N

Figura 33

24

de ocupación más antigua en la cueva son una serie de restos faunísticos que aparecieron fosilizados en una antigua sala que desapareció con el avance del frente de cantera.

El conjunto de representaciones gráficas presentes en Maltravieso marcan el siguiente momento ocupacional. Ya habían sido objeto de numerosos estudios (Almagro, 1960), (Callejo, 1962, 1970), (Jordá, 1970), (Ripoll y Moure, 1979), (Sanchidrián, 1988-89), que pusieron de manifiesto la existencia de 37 manos, algunos símbolos (triángulos, serpentiformes, puntos, barras y un pediforme) y un grabado zoomorfo de carácter naturalista representando a una cierva.

En la última investigación el empleo de una metodología de documentación no destructiva, basada fundamentalmente en la documentación fotográfica (convencional, ultravioleta e infrarroja) y la digitalización de las imágenes con su posterior tratamiento informático, ha permitido hasta el momento la documentación de 71 manos, además de una serie de representaciones, en menor proporción, de zoomorfos y figuras simbólicas (triángulos, puntos, barras, etc.) pintados o grabados, que aparecen en los diferentes paneles, bien de forma aislada o asociados a otras figuraciones (Ripoll, Ripoll y Collado, 2000: en prensa).

Técnicamente, en el conjunto de manifestaciones artísticas de Maltravieso, como hemos referido anteriormente, se constata la utilización de pintura y de grabado. El grabado es lineal, fino de sección en "U", seguro y sin correcciones. En pintura se emplean diferentes pigmentos, fundamentalmente rojos (posiblemente obtenidos del propio sedimento de la cueva) y en menor proporción blancos, marrones y negros, todos ellos aplicados directamente con los dedos, con la superficie de la mano (en el caso de las manos en positivo), o mediante el uso de algún elemento que permite tamponar o aerografiar el pigmento para obtener el contorno de las manos en negativo.

Estas últimas son el tema básico en esta cavidad, pues se encuentran en 20 de los 29 paneles documentados y repartidas por toda la cavidad, excepto en la sala de las Chimeneas, con una concentración máxima en la zona central, sala de las Pinturas, que reúne 9 paneles con 38 manos identificables (Figura 34).

Figura 34

En las cuevas conocidas con representaciones de manos, éstas aparecen interrelacionadas con grandes conjuntos artísticos. Únicamente en Maltravieso y en Gargas (L`Ariège, Francia) encontramos este tipo de representaciones como elemento pictórico principal. Aquí aparecen aisladas (en 5 paneles), en compañía de otras manos (en 6 paneles) o asociadas a otras representaciones: triángulos, serpentiformes, puntuaciones (en 9 paneles). La mayor parte de las veces han sido pintadas en rojo y en negativo, aunque también aparecen pintadas en blanco o negro y aplicadas con técnica mixta: se representa la mano en positivo en un color y posteriormente, sin mover la mano del lugar, se aerografía en otro color diferente para obtener la representación en negativo (manos 7, 8 y 9 del panel III en la sala de las Pinturas).

A la hora de analizar la bibliografía sobre el tema se diferencian dos tipos de manos: las completas o normales y las tradicionalmente denominadas mutiladas, en las que faltan uno o más dedos. Se han desarrollado numerosas hipótesis para estas últimas que intentan explicar el por qué de estas "mutilaciones". De entre todas se pueden destacar la que habla de accidentes en las manos que han supuesto la pérdida de algún dedo, también la que considera la posibilidad de degeneraciones patológicas provocadas por efectos de la consanguineidad dentro del grupo, o la que propone la existencia de rituales que exigían la amputación de miembros o la simple flexión intencionada de alguno de los dedos.

En Maltravieso, donde en casi todas las manos está ausente el dedo meñique, no compartimos, tras los últimos estudios realizados, la teoría de la amputación del dedo meñique mantenida por gran parte de los investigadores precedentes. Mas bien, como ya intuía J.L. Sanchidrián, hay que hablar de ocultación intencionada de este miembro (Sanchidrián, 1988/89: 128).

La aplicación de iluminación fuera del espectro visible (radiaciones ultravioletas e infrarrojas) ha permitido comprobar en algunas de ellas que el contorno de la mano fue silueteado entero, y posteriormente se procedió a la ocultación del dedo meñique mediante una capa del mismo pigmento usado para el aerografiado de la mano. Este hecho es muy evidente en varias manos, especialmente en la número 22, localizada en el panel IV de la Sala de las Pinturas, donde se aprecia claramente el inicio del dedo meñique y la silueta más borrosa del resto del dedo oculta por la pintura del mismo color. Esta comprobación de la ocultación intencional del dedo meñique nos introduce una nueva variable que habrá que estudiar más extensamente, no sólo referida a esta cavidad, sino también a las restantes.

Además de las manos han sido documentadas otras representaciones, ya sean grabadas o pintadas, unas de carácter naturalista (figuras de animales) y otras que podríamos considerar como signos. Hasta el momento solo se tenía noticia de una figura zoomorfa grabada, una cierva (Ripoll y Moure, 1979) y una serie de figuraciones que eran consideradas como zoomorfos con muchas dudas, como la posible cabeza de cérvido o équido de la sala de las columnas, identificada por Callejo (Callejo, 1958; 1970) y Almagro (Almagro, 1960) o "una serie de trazos que quizá conformen un torpe diseño zoomorfo" como refiere J.L. Sanchidrián en su trabajo (Sanchidrián, 1988-89:). Un detenido análisis de esta figura ha permitido confirmar que se trata de una representación de un prótomos de ciervo en la que se pueden distinguir el contorno de la cabeza y las astas con varios candiles.

Cercana a la anterior figura, en la misma sala de las Columnas, en el panel XXVIII, se ha podido documentar una espléndida figura de bóvido pintada en color negro (Figura 35). Se orienta hacia la izquierda, con una inclinación de unos 30° hacia abajo, quedando los cuartos traseros más altos que la cabeza. En esta última se aprecian el ollar y el ojo, un cuerno que se une a la línea cérvico-dorsal, la cola levantada y las extremidades posteriores.

Figura 35

Continuando hacia el interior de la gruta, llegamos a la sala de las Pinturas donde se encuentra situado el panel III, denominado por Almagro (Almagro, 1960) como el "Camarín de las manos". Aquí se han documentado una serie de grabados que hasta ahora habían quedado inadvertidos. Se ha identificado un prótomos de cáprido, de cabeza subtriangular de cuya parte posterior arrancan dos trazos paralelos curvos representando los cuernos (Figura 36). El interés de esta representación, junto a los dos triángulos que también aparecen grabados al lado del cáprido, es que se hayan infrapuestos, bajo una capa calcítica, a la serie de figuraciones pintadas (manos y puntos), que se documentan en este panel, hecho que induce a pensar que los autores de las pinturas ya no vieron los grabados. Es posible por tanto, que estas figuras vengan a representar la fase más antigua de todos los motivos documentados en la cavidad.

Por último, en la sala de las Chimeneas, en el panel XIII se disponen una serie de trazos grabados donde es posible definir, además de la cierva documentada anteriormente por Ripoll y Moure (Ripoll y Moure, 1979), una figura de bóvido mirando hacia la derecha y otro cérvido acéfalo. La primera presenta la línea del dorso que desemboca en la cabeza que se resuelve de forma subtriangular, de aspecto muy macizo. En la parte de la testuz aparece una línea oblicua hacia atrás, que se correspondería con el cuerno.

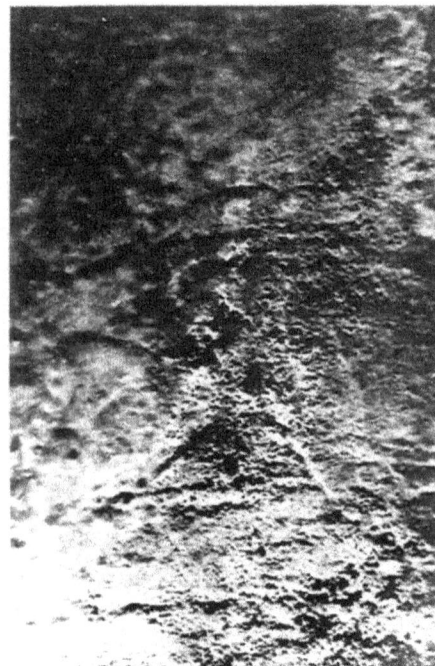

Figura 36

El cérvido acéfalo esta orientado hacia la izquierda y conserva la línea del pecho, la pata delantera, el arranque de la línea cérvico-dorsal y el vientre (Figura 37).

Figura 37

En esta misma sala, a unos seis metros a la derecha del panel XIII, se localiza el panel XIV en donde podemos observar una posible cabeza de équido pintada en color ocre rojizo. Está orientada hacia la izquierda y aparece infrapuesta a una serie de siete trazos paralelos con forma semicircular.

El tipo de figuras que restan por presentar está constituido por un conjunto de signos o ideomorfos de incierta interpretación. Podemos distinguir triángulos, tanto pintados como grabados, series de puntuaciones en negro y rojo (estos últimos en menor proporción). Es importante advertir que algunas de las alineaciones de puntos en negro se superponen a las manos (Figura 38). Destacar también la

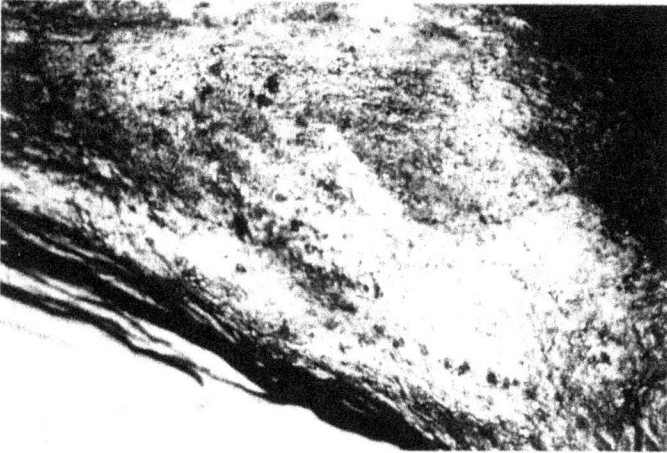

Figura 38

presencia de un motivo serpentiforme o meandriforme localizado en el panel V, en el que también se sitúan 9 representaciones de manos, cinco de ellas claramente superpuestas. Para finalizar no podemos dejar de mencionar una serie de trazos en color ocre marrón-rojizo, tanto verticales, como concéntricos semicirculares situados en la sala de las Chimeneas que consideramos, como posteriormente justificaremos, de cronología postpaleolítica (Figura 39).

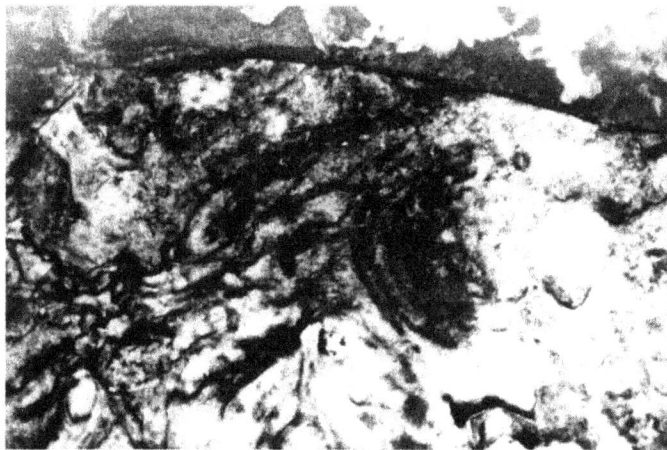

Figura 39

Tras un largo paréntesis durante el epipaleolítico, los restos humanos y los ajuares cerámicos (encontrados en el momento mismo de la apertura de la cueva y posteriormente al realizar la apertura de una larga zanja que permitía deambular más cómodamente por el interior de la gruta), además de algunas pinturas de estilo esquemático, citadas con anterioridad, vuelven a indicarnos un nuevo uso de la cavidad, en este caso con carácter eminentemente funerario, durante el Neolítico. La práctica totalidad de los restos arqueológicos que se encontraron, salvo una pequeña colección de cerámicas y restos humanos que se conserva actualmente en el Museo Arqueológico Provincial de Cáceres gracias a los esfuerzos de D. Carlos Callejo Serrano, se perdieron irremisiblemente.

La gran mayoría de éstos se encontraron en las dos salas que fueron destruidas con el avance del frente de cantera: una sala principal de 37 metros de longitud y entre 12 y 13 de anchura máxima y un pequeño "divertículo" lateral (identificados como salas A y B en la planimetría del catálogo de D. Carlos Callejo Serrano de 1958) (Figura 40). Fue en esta pequeña sala B donde se encontraron los primeros restos de cerámica "muy troceados" tal y como describe D. Carlos Callejo, y el primero de los cráneos de los cuatro localizados, además de otros muchos huesos. Es interesante la apreciación del insigne arqueólogo descubridor de las pinturas paleolíticas de la cueva, según la cual uno de los accesos a la cueva se realizaría por una estrecha galería en rampa, colmatada en el momento del descubrimiento, que desde la superficie desembocaría en este lugar. Esta hipótesis avalaría que el acceso natural a la cueva se realizase posiblemente desde aquí y no desde el fondo de la cavidad,

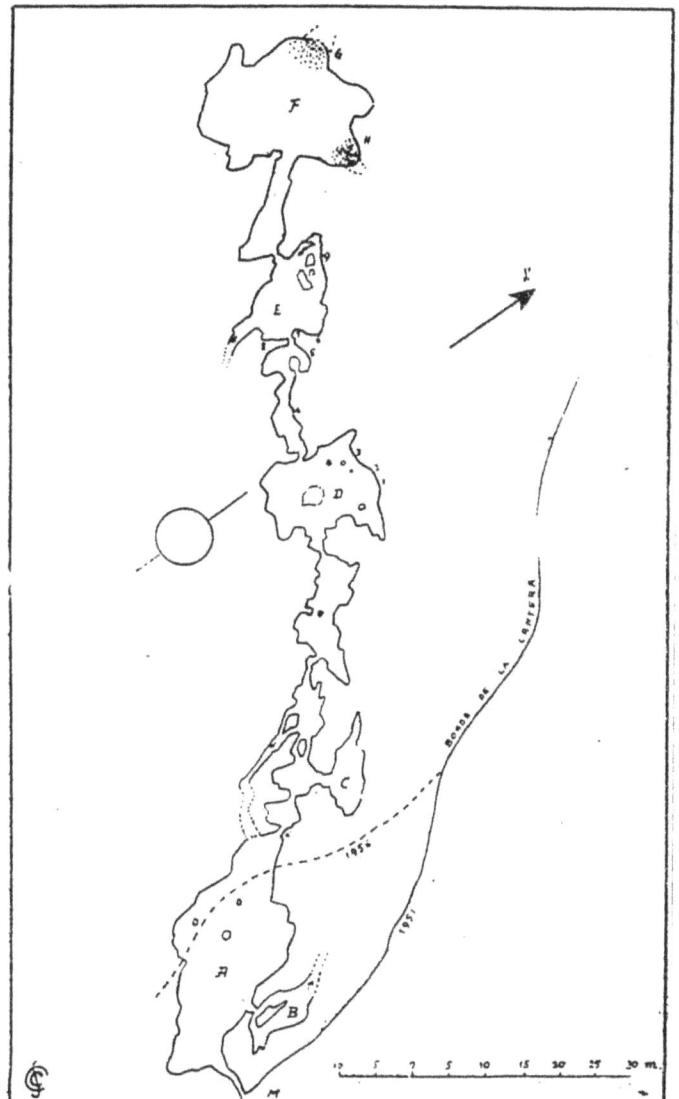

Figura 40

donde la gran mayoría de los investigadores sostiene que se encuentra el acceso primitivo cegado por un cono de derrubios. En apoyo de la hipótesis de Callejo sobre el acceso primitivo a la Cueva de Maltravieso hay que referir también que la totalidad de los hallazgos faunísticos se realizó en esta primera sala desaparecida, cuando lo más lógico sería pensar que si la entrada natural hubiera estado situada en la Sala de las Chimeneas (actual fondo de la cueva), un gran número de restos zoológicos deberían haber sido recogidos en ella.

La segunda acumulación de huesos humanos se localizó a la izquierda de la gran columna central de la primitiva sala A, envueltos entre la arcilla que formaba parte del suelo de este recinto.

El tercer depósito funerario se localizó al fondo de la sala A, en un espacio situado entre dos estrechas galerías que confluyen unos metros más adelante en la actual galería principal de la cueva. Este lugar es aún visible en la actualidad, pues viene a coincidir con el pequeño vestíbulo comprendido entre la reja de protección exterior y la pared de cierra actual de la gruta .

El análisis de dos de los cuatro cráneos (es posible que existiese alguno más ya que parte de los restos óseos recogidos en la cueva fueron extraviados) que Callejo llegó a tener en su poder (Callejo, 1958: 12), revela que ambas fueron mujeres con edades comprendidas entre 20 y 25 años la primera y 25 y 30 la segunda (Alvarez, 1984: 171-176). Este último cráneo presentaba la peculiaridad de una trepanación por abrasión de 3,8 cm. de longitud por 2,8 cm. de anchura máxima, con una larga supervivencia tras la ejecución de la misma, cuyo sentido, ritual o patológico, desconocemos con certeza, al igual que el número total de individuos inhumados que Callejo cifra entre siete u ocho (Callejo, 1958: 16).

Entre los restos zoológicos se documentaron rinocerontes, hienas, osos, caballos, ciervos y bóvidos, por lo que parte de este lote, como ya referimos con anterioridad, debe ser encuadrado en momentos pleistocénicos previos a las deposiciones funerarias.

El conjunto cerámico fue estudiado en un primer momento por D. Carlos Callejo. Está constituido por 31 fragmentos , aunque él opina que debieron ser muchos más los recogidos en el momento del descubrimiento (Callejo, 1958: 21-27). Posteriormente ha sido analizado por Dª. María Isabel Sauceda y D. Fco. Javier Cerrillo (Sauceda y Cerrillo, 1985: 45-53). Los fragmentos cerámicos están todos realizados a mano, con pastas de color oscuro escasamente decantadas (especialmente las vasijas sin decoración) y cocidas en atmósfera reductora. Es muy significativa la descripción que realiza D. Carlos Callejo de la factura y ejecución de estos recipientes : "Tanto el material como el modelado son muy toscos; barro negro lleno de trozos de arena y otros menudos residuos minerales, mal cocido y como consecuencia, deleznable. Las paredes muy gruesas, lo que debía ser necesario para la seguridad cohesiva del vaso" (Callejo, 1958: 25).

Las formas corresponden a recipientes de mediano o gran tamaño, con paredes rectas o ligeramente inclinadas al interior, perfiles ovoides algunos de ellos con gollete incipiente. Los fondos son generalmente cóncavos y aparecen mamelones como elementos de prensión.

La decoración es mayoritariamente incisa con motivos en zig-zag, triángulos con reticulado interior y espigas que se distribuyen en bandas horizontales en torno a los bordes y parte central superior del galbo. Excepcionalmente un vaso con forma ovoide descrito y reconstruido en su totalidad por Carlos Callejo (1958, 22), presenta una combinación de bandas incisas dispuestas en horizontal y vertical, formando una especie de reticulado en el que se intercalaron una serie de círculos impresos, técnica decorativa esta última que aparecen también en algunas cerámicas del Neolítico Final andaluz (Acosta, 1995: 51).

El último momento de ocupación de la cueva lo marca una punta de lanza de bronce con aletas y enmangue tubular descubierta en el verano del 1960 durante las obras de acondicionamiento de un camino que permitiera deambular cómodamente por el interior de la cueva (Almagro, 1960: 7) (Figura 41).

Figura 41

5.3 CUEVA DEL CONEJAR

Está situada en las afueras de la ciudad, no muy lejos de la cueva de Maltravieso, y se accede a ella a través de la carretera de Medellín, que se deja aproximadamente en el Km 2, para encaminarse, en dirección Este, hacia unas ruinas cerca de las cuales se ubica la cueva.

Esta cavidad anteriormente era conocida como cueva del Oso, y debe su nombre actual a D. Ismael del Pan que a principios de siglo estudió sus restos arqueológicos. Se penetra en su interior por medio de una rampa que desemboca en una sala de sección elíptica con restos de abundantes derrumbes que la han convertido prácticamente en un abrigo que ha venido siendo utilizado desde hace mucho tiempo como basurero (Figura 42).

Figura 42

Al fondo de esta sala la cueva continúa por medio de un angosto acceso con pendiente ascendente que comunica con otra sala de menores dimensiones, también de planta elíptica, escasa altura y con el suelo colmatado por sedimentos areno-arcillosos (figura 43).

Figura 43

De ella parten algunas pequeñas gateras que no prosperan (Figura 44).

Isabel Sauceda (Sauceda, M.I. y Cerrillo, J., 1985) comenta que "por el interior de la cueva discurre una corriente de agua subterránea que comunica con el manantial de El Marco", pero en la actualidad no queda ningún vestigio de ella (no ha sido vista en las sucesivas visitas que miembros del equipo han hecho a la cueva durante los años 1997 y 1998.

Los primeros restos arqueológicos aparecieron a raíz de las excavaciones realizadas por D. Ismael del Pan (del Pan, 1917; idem, 1954), que localiza en ella restos faunísticos, cerámicas lisas y decoradas, ídolos placa y algunos restos humanos. No vuelve a ser estudiada hasta 1981, cuando E. Cerrillo (Cerrillo, 1983: 37-43) desarrolla en ella algunas campañas de excavación poco afortunadas, al igual que su continuadora Dª María Isabel Sauceda (Sauceda, 1984: 47-54), pues toda la zona seleccionada para la excavación se hallaba completamente revuelta de antiguo. No obstante y basándose fundamentalmente en el estudio tipológico de las decoraciones aplicadas sobre los fragmentos cerámicos recuperados, sobre todo en la técnica denominada "boquique", definen una somera ocupación de la cueva durante el Calcolítico y atribuyen todo el protagonismo al poblamiento de la cueva durante el Bronce Final.

El estudio de los materiales localizados en las excavaciones precedentes y de algunos otros recogidos durante nuestros trabajos de documentación topográfica en la cueva, nos lleva a discrepar en parte de las propuestas planteadas por estos dos investigadores y poner nuevamente en valor las tesis de D. Ismael del Pan. Las formas predominantes recogidas en la cueva repiten esquemas documentados en los yacimientos anteriores atribuidos a fases neolíticas: formas abiertas, cuencos y vasos de paredes verticales o ligeramente entrantes, ovoides o en forma de saco, con fondos generalmente cóncavos. Los elementos de prensión son variados con asas de cinta horizontales y verticales; pero sobre todo destaca el porcentaje de mamelones, algunos de ellos con perforación central. La técnica decorativa principal es la impresión a boquique con los esquemas decorativos habituales en torno a los bordes y a los mamelones. Se documentan también incisiones de punzón enmarcadas por triángulos incisos, incisiones profundas formando bandas verticales y horizontales e incisiones sobre el labio, además de cordones aplicados con impresiones digitales y algún que otro tratamiento a la almagra. Las cocciones son principalmente reductoras, con pastas de tonos amarronados o negruzcos, desgrasantes medios fundamentalmente micáceos y tratamientos alisados en la mayor parte del repertorio cerámico sin decoración.

Además han sido recogidos en el yacimiento numerosos restos de fauna (Castaño, 1991: 24)así como de material lítico: una abundante presencia de lascas de deshecho, núcleos desbastados, láminas y raspadores circulares, estos últimos muy relacionados con los complejos neolíticos de las cuevas andaluzas (Acosta, 1995: 51), y numerosos restos de fauna han sido recogidos en el yacimiento. Todo ello permite barajar una posible ocupación estable de la cueva durante la fase neolítica, que quedaría amortizada con el cambio de uso de la misma en una etapa inmediatamente posterior. La presencia de restos humanos (dientes, calotas craneanas, tibias y esternón), ídolos placa (Del Pan, 1954: 504), restos de tejido, cuchillos de sílex, láminas y puntas de flecha de base cóncava, plana y con aletas y pedúnculo, son indicativos de una etapa en la que la cueva del Conejar, en un proceso muy similar al que se documenta en la cueva de la Charneca (Oliva de Mérida, Badajoz) (Collado y otros, 1997: 148-149), sería utilizada como espacio funerario en un momento paralelo a la introducción del megalitismo en Extremadura, cuyo contacto viene atestiguado por la presencia del ídolo placa en la cueva y anterior al desarrollo del Calcolítico en la región extremeña, como así parece indicarlo la ausencia en el registro mueble de platos de borde almendrado o reforzado; elementos que sí se documentan en algunos poblados enmarcados en la transición entre estas dos etapas prehistóricas como el Lobo (Molina, 1980: 93-126) o Sta Engracia (Celestino, 1989: 281-325), ambos en la provincia de Badajoz, o el poblado de Sierra de la Pepa en el área de Plasenzuela (Cáceres) (González, 1993: 245).

Tras esta etapa la cueva volvería a ser ocupada esporádicamente, como indica la presencia de cerámica de pastillas repujadas, algunos punzones de cobre y dos fragmentos de cerámica estampillada (Sauceda, 1984: 54, fig. 21).

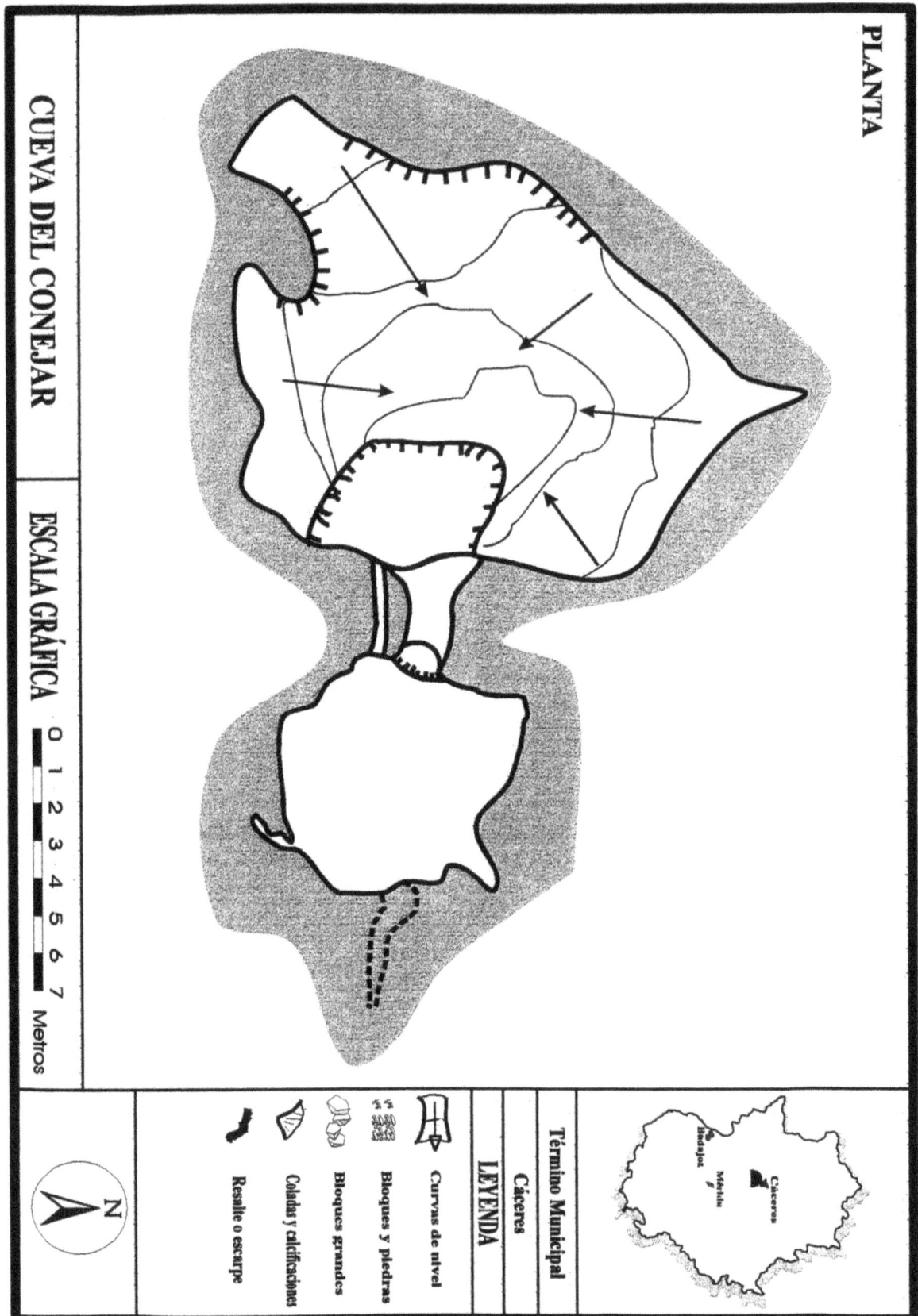

Figura 44

5.4 CUEVAS DE SANTA ANA

Estas cuevas se localizan dentro del recinto del Centro de Instrucción Móvil de Reclutas nº 1 de Cáceres, situado a algo más de tres kilómetros de la ciudad siguiendo la carretera de Mérida. Ambas cavidades se encuentran en un pequeño cerro (la nº I en la cara norte y la nº II en la cara sur) producido por un afloramiento calizo, que aparece tapizado por una vegetación de porte arbustivo de retamas, sauces, coscojas y alguna encina.

La mala conservación de la cueva de Santa Ana CIMOV II y la ausencia de restos arqueológicos en ella son los motivos por los que no ha sido incluida en este libro.

La cueva de Santa Ana CIMOV I se abre al fondo de un resalte rocoso y su boca, de pequeñas dimensiones, actualmente está protegida por una puerta metálica recibida con ladrillos. La entrada conduce, mediante un corto y pendiente corredor, a una gran sala que desciende hacia el interior del afloramiento. En dicha sala y nada más entrar, se encuentra un gran mogote estalagmítico con coladas alrededor. El suelo en esta zona aparece tapizado por una costra calcárea que más abajo se combina con depósitos arcilloso-arenosos y pequeños bloques.

En la pared norte se abre una ventana a escasa altura que comunica con una zona llena de galerías, de cierta anchura y bajo techo, con fuerte pendiente ascendente. Existe una pequeña oquedad que comunica con la sala principal.

En la pared este y a media altura, se abren dos tubos ascendentes que progresan escasos metros. En el Sur destaca una colada parietal muy blanca; dejándola a la derecha se entra en una gatera (Figura 45) que conecta con la parte final

Figura 45

de la cavidad: una pequeña sala, a cuya izquierda continúa una galería descendente que rápidamente llega al nivel freático (Figura 46), y que de frente continúa en una pequeña galería que termina en un pozo de unos dos metros de profundidad que también acaba en agua (Figura 47).

Figura 46

Figura 47

En la zona Oeste existe una pequeña red laberíntica de gateras y ensanchamientos, de techos muy bajos y suelos arcillosos, que en algunas partes incluyen conglomerados brechoides (clastos de pizarra con matriz calcárea).

Existe un piso superior, al que se accede escalando una colada parietal , que se compone de una sala y algunas gateras que parten de ella, dando lugar a una red de pequeñas dimensiones y escasa altura (Figura 48).

La cueva se desarrolla a favor de los planos de estratificación, principalmente, y una red de fracturas conjugadas de dirección NE/SO y NNO/SSE, que coincide con las direcciones de los conductos de la cueva, lo que explicaría también la forma de "dientes de sierra" que tienen las paredes de la sala principal (Figura 49).

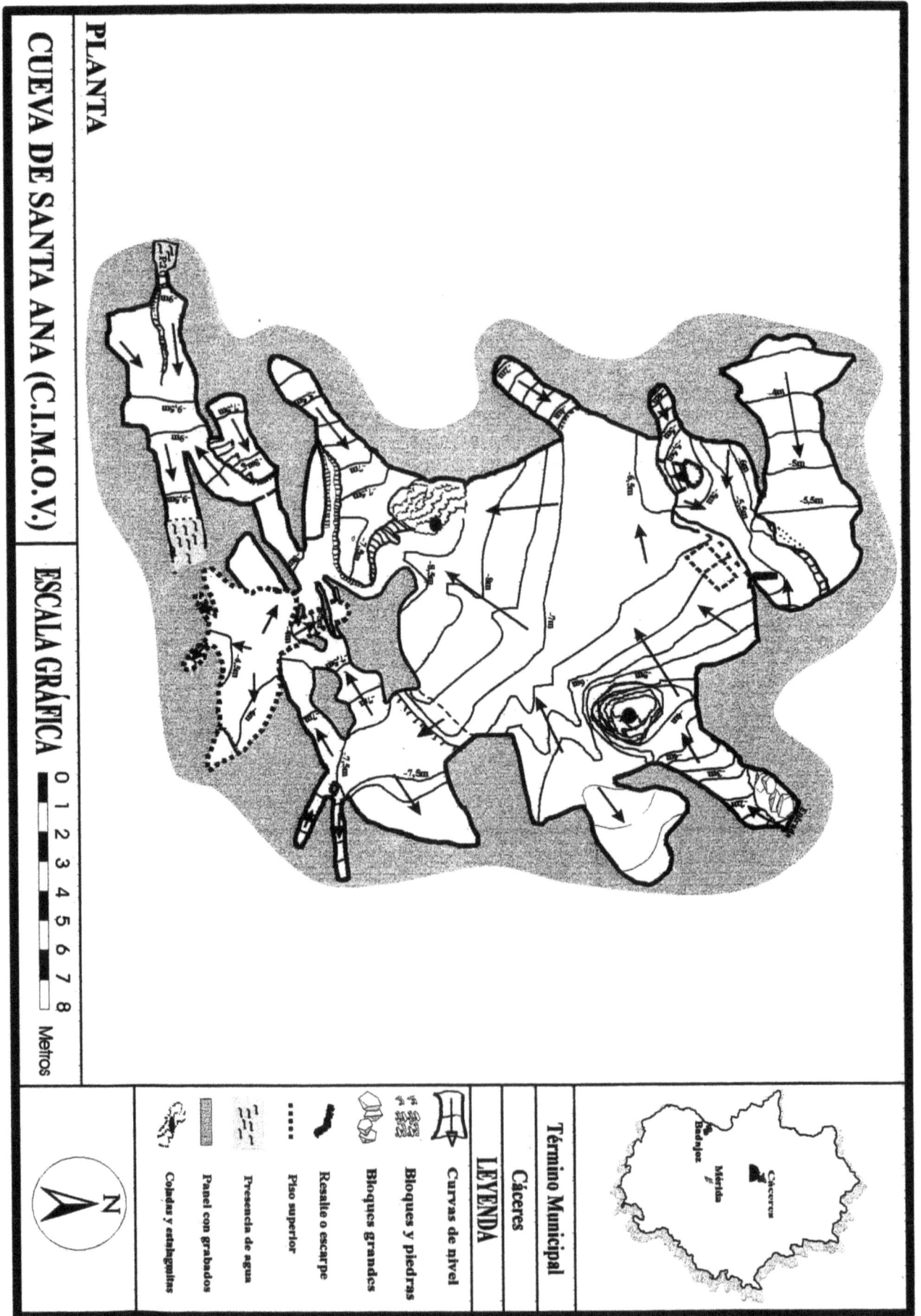

PLANTA

CUEVA DE SANTA ANA (C.I.M.O.V.)

ESCALA GRÁFICA

0 1 2 3 4 5 6 7 8 Metros

Término Municipal

Cáceres

LEYENDA

Curvas de nivel

Bloques y piedras

Bloques grandes

Resalte o escarpe

Piso superior

Presencia de agua

Panel con grabados

Coladas y estalagmitas

N

Figura 49

32

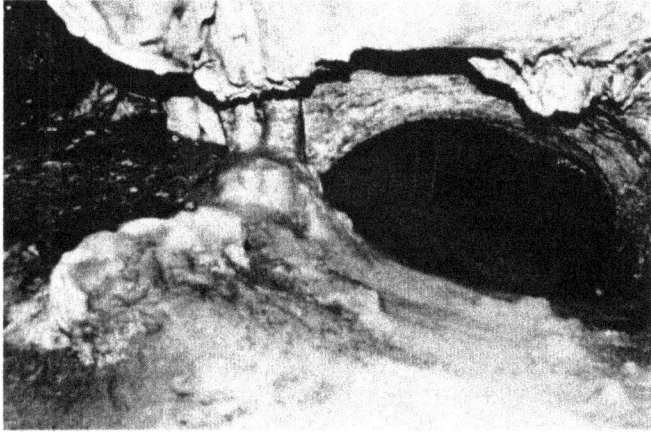

Figura 48

Arqueológicamente esta cueva tiene un gran interés, ya que los trabajos de prospección y documentación llevados a cabo en su interior han puesto de manifiesto indicios de ocupación, desde la prehistoria hasta época romana, que anteriormente habían pasado desapercibidos (Figura 50). Estos indicios se resumen en la existencia de un panel con grabados esquemáticos lineales y una serie de restos cerámicos que evidencian como mínimo dos momentos de ocupación en la cavidad.

Figura 50

La ocupación más antigua, fechada en el Neolítico, viene determinada por la presencia de un conjunto de fragmentos cerámicos y por el panel con grabados. Los primeros aparecen dispersos por toda la cavidad y depositados sobre el suelo arcilloso de la cueva. Se trata de vasos muy irregulares de tendencia globular u ovoide, hechos a mano utilizando pastas groseras y mal decantadas y cocción reductora en todos los casos. No aparecen piezas decoradas y los tratamientos superficiales se limitan única y exclusivamente a someros alisados. No obstante, a pesar de la inexistencia de decoraciones, las características técnicas y formales que reúnen, invitan a relacionarlas con el conjunto de cerámicas aparecidas en la cercana cueva de Maltravieso

Respecto a los grabados (de los que posteriormente se dan más detalles), y con las debidas reservas que debemos establecer a la hora de relacionar manifestaciones artísticas y elementos muebles indicadores de la presencia humana en el interior de la cueva, máxime cuando carecemos de una relación estratigráfica directa entre los grabados y los sedimentos que contienen los restos cerámicos, se podría considerar la posible relación entre las cerámicas localizadas y la existencia del panel con grabados existente en la galería que comienza al fondo de la sala principal (Figuras 51y 52).

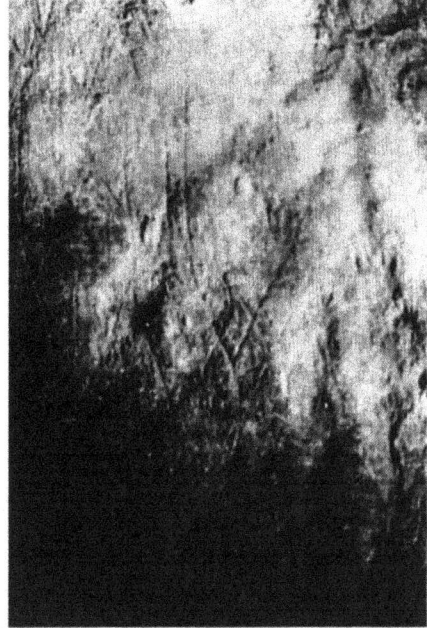

Figura 51

El segundo momento de ocupación documentado en la cueva se aleja temporalmente de la etapa anterior, debiendo establecerse durante época romana. Así parecen indicarlo la presencia de una serie de fragmentos de *tegulae* y algunos galbos muy gruesos correspondientes casi con toda seguridad a grandes dolias de almacenaje. Por regla general estas cerámicas presentan defectos en la cocción de la pasta, lo que origina fracturas con los característicos perfiles tipo sandwich. El desgrasante es muy grueso y los tratamientos superficiales se reducen al simple alisado.

La explicación para este segundo momento de ocupación de la cueva habría que buscarla posiblemente en el aprovechamiento de la cavidad como lugar de almacenaje, quizá vino, que, a modo de bodega, aprovecharía las especiales condiciones de temperatura y humedad en el interior de la misma para completar los procesos de fermentación y curado del producto.

Figura 52.- Calco de los grabados de la cueva de Santa Ana CIMOV I

6. SINCLINORIO DEL GÉVORA

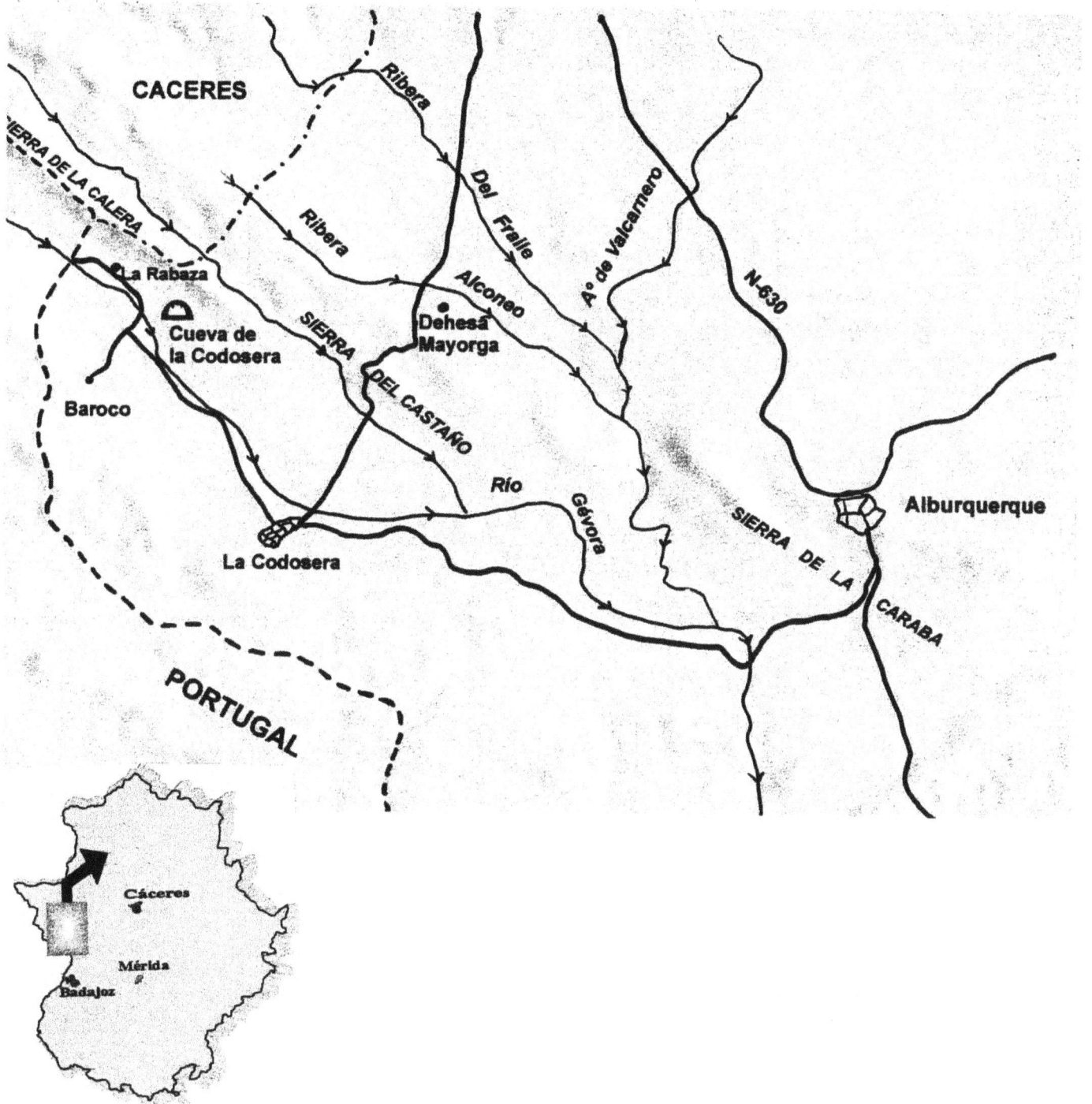

Figura 53

6.1 BREVE DESCRIPCIÓN GEOLÓGICA Y MORFOLÓGICA

En el Sur de la zona Centro Ibérica, en el límite de las provincias de Cáceres y Badajoz, en la comarca de La Raya, se extiende desde la frontera con Portugal hasta el embalse de la Peña del Águila, el Sinclinorio del Gévora, que consiste en una estrecha estructura, muy fracturada, de materiales postordovícicos que sigue la dirección NO/SE, dislocada en algún tramo por la acción de la falla de Plasencia-Messejana

Esta estructura descansa discordantemente sobre el Complejo Esquisto Grauváquico Precámbrico (esquistos, filitas y grauvacas) y su serie estratigráfica se extiende del Ordovícico al Devónico, y está constituida fundamentalmente por filitas y cuarcitas, que se depositaron en el gran golfo paleozoico situado al Sur de Alburquerque, en una cuenca muy inestable.

Las rocas carbonatadas afloran intermitentemente a lo largo del núcleo del sinclinal con filitas a muro y techo. Son de edad devónica (Cobleciense Superior-Eifeliense) y facies pararrecifal. Litológicamente consisten en calizas dolomíticas (de color gris azulado con frecuentes vetas de calcita) y calcoesquistos. Pertenecen a la denominada Unidad Gévora que se subdivide en tres tramos: en el inferior aparece una serie pizarrosa de tonos rojizos con aureolas ferruginosas; en el medio hay calcoesquistos con intercalaciones de liditas y esquistos en "librillo" , ambos atravesados por numerosos filones de cuarzo; y el superior está formado por pizarras que pasan a tramos calcáreos más o menos dolomíticos con fauna de crinoides y corales.

Estos materiales tienen un gran interés desde el punto de vista metalogénico y minero (fundamentalmente hay yacimientos de antimonio).

Desde el punto de vista endokárstico sólo se ha localizado una cueva en el término municipal de La Codosera, aunque hay noticias de hundimientos cerca de ella, que son tapados periódicamente, que sugieren la posibilidad de la existencia de otras cavidades.(Figura 53).

6.2 CUEVA DE LA CODOSERA

Está situada a algo más de siete kilómetros al NO del núcleo de población, en la falda de la Sierra de la Calera, y se accede a ella a través de la carretera que va hacia La Rabaza. Se localiza en la hoja nº 726 (El Pino) del mapa topográfico E. 1:50.000 del Servicio Geográfico del Ejército.

Esta cavidad se abre por medio de una pequeña boca que comunica con un pozo de cerca de 20 m de profundidad (Figura 54), que termina sobre un cono de deyección, con abundancia de clastos pizarrosos heterométricos, poco o nada rodados.

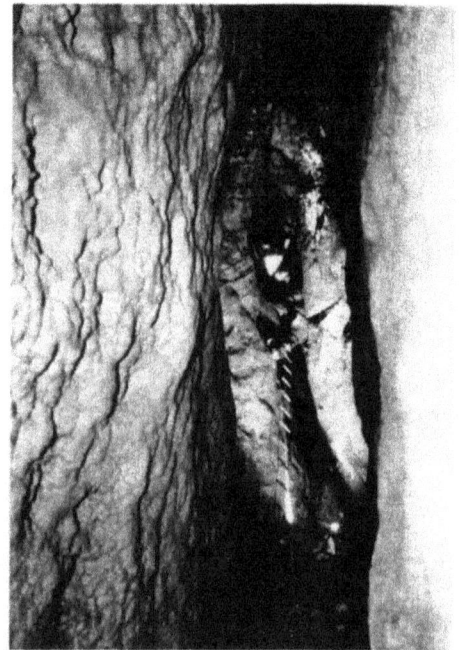

Figura 54

Las rampas presentan fuertes pendientes, acabando una de ellas sobre un estrecho y largo lago, que sigue la dirección N225ºE (Figura 55), y cegándose la otra en seco. La primera presenta algunos espeleotemas en calcita y sobre la segunda hay un caos de bloques colgado, que se asciende en chimenea hasta superar el primer bloque a la derecha del cual se abre una pequeña sala con coladas de calcita e incipientes estalactitas.

Figura 55

Hacia la mitad del pozo se abre un piso superior fósil con dos ramificaciones, una hacia el Norte, con escasa continuidad, que presenta huellas de haber sido un tubo de presión, y otra en la misma dirección del piso inferior (N225ºE) que consiste en una estrecha y pendiente gatera que conduce a un ensanchamiento recubierto con coladas calcíticas y alguna que otra oquedad que comunica con la galería principal del piso inferior, desde la que se observa el caos de bloques colgado.(Figura 56).

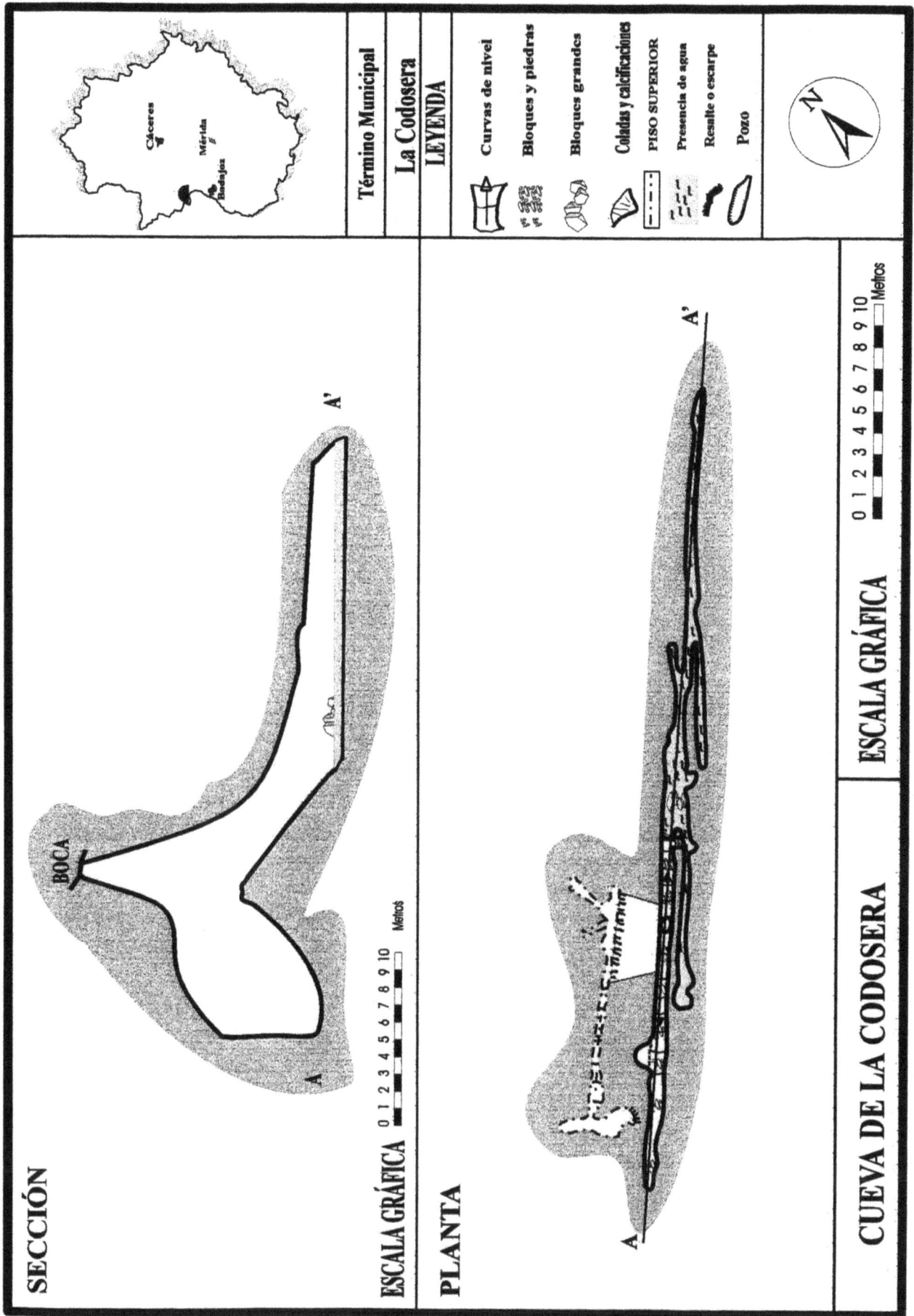

SECCIÓN

BOCA

A

A'

ESCALA GRÁFICA 0 1 2 3 4 5 6 7 8 9 10 Metros

PLANTA

A

A'

ESCALA GRÁFICA 0 1 2 3 4 5 6 7 8 9 10 Metros

Término Municipal

La Codosera

LEYENDA

Cáceres

Mérida

Badajoz

Curvas de nivel	
Bloques y piedras	
Bloques grandes	
Coladas y calcificaciones	
PISO SUPERIOR	
Presencia de agua	
Resalte o escarpe	
Pozo	

N

CUEVA DE LA CODOSERA

ESCALA GRÁFICA 0 1 2 3 4 5 6 7 8 9 10 Metros

Figura 56

37

7. SINCLINORIO DE ZAFRA-ALANÍS

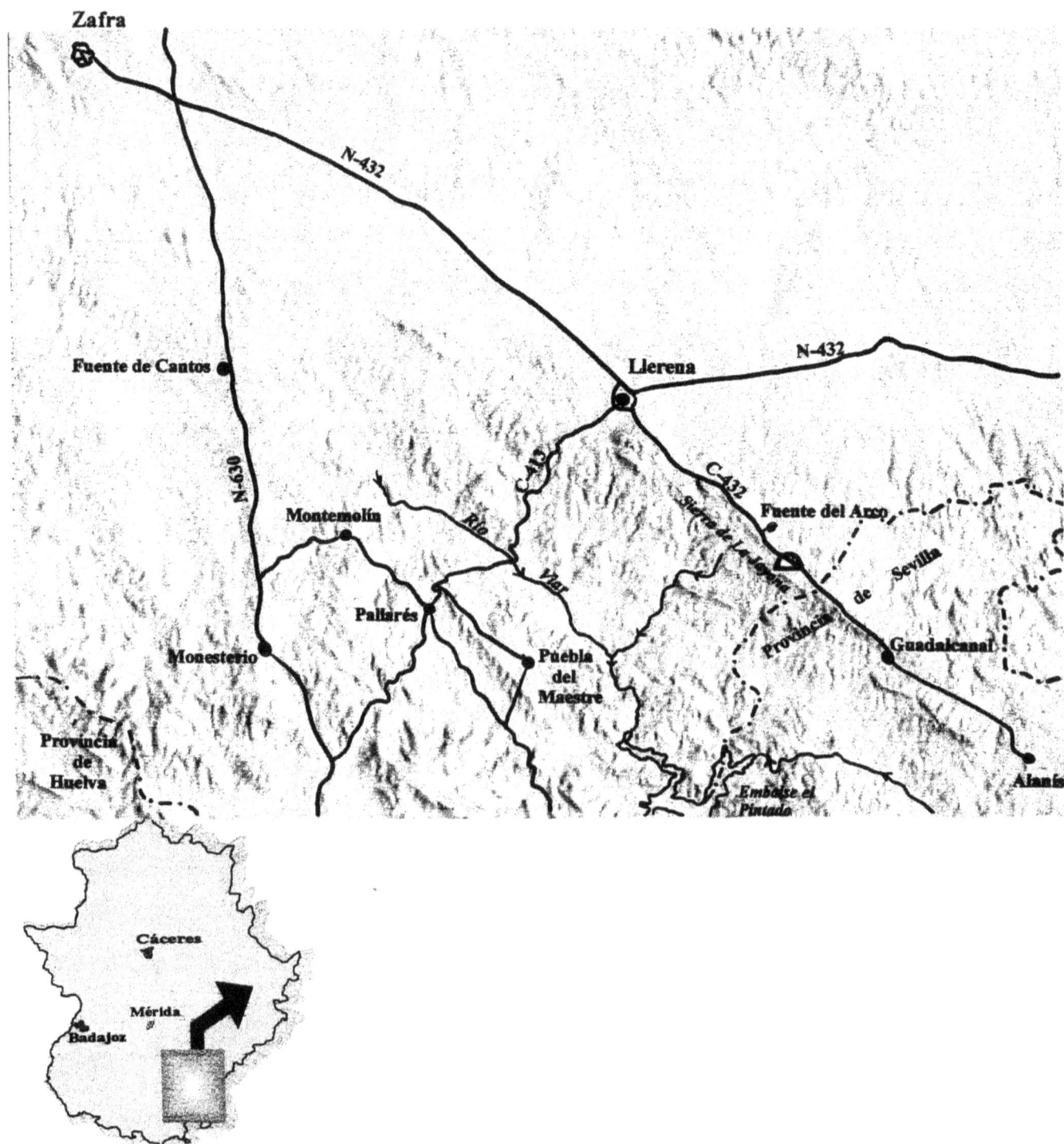

Figura 57

7.1 BREVE DESCRIPCIÓN GEOLÓGICA Y MORFOLÓGICA.

Esta estrecha estructura está compartimentada longitudinalmente por las fallas de Malcocinado, Guadalcanal y Fundición y presenta una gran complejidad geológica.

En ella afloran rocas carbonatadas pertenecientes a las Unidades "Alconera" o "Sierra del Agua" y "Loma del Aire". La primera se dispone concordantemente sobre una serie detrítica (arcosas, pizarras y arenitas) de edad Ovetiense-Vendiense. Los carbonatos consisten en calizas marmóreas masivas, que afloran en bancos que siguen una dirección N120°-130°E, y vergen hacia el Sur. La Unidad de Loma del Aire forma un horizonte carbonatado con dirección N120°-130°E y está limitada por el NE por la falla de Malcocinado y por el Sur por la falla de Guadalcanal. Se dispone sobre una sucesión vulcano-sedimentaria (metatobas y metacineritas con pasadas de volcanitas ácidas y básicas) sobre la que aparece, en contacto gradual, una serie pizarrosa que comporta niveles calizos marmorizados que llegan a alcanzar gran potencia y continuidad lateral, de edad precámbrica (Rifeense Superior-Vendiense). Ambas unidades se formaron en un medio marino somero.

Hasta el momento sólo se han prospectado los afloramientos calcáreos del término municipal de Fuente del Arco obteniéndose los siguientes resultados:

* En el Cerro de San Benito, situado al Este de la población y formado por materiales pertenecientes a la Unidad denominada "Loma del Aire", sólo se ha detectado una pequeña cavidad, prácticamente colmatada de arcilla, sin interés espeleológico ni arqueológico.

* En la Sierra de la Jayona, constituida por calizas de la Unidad Sierra del Agua, donde se localiza la cueva de "Los Muñecos".

* En los de Prado Gil, pertenecientes a la unidad de "Sierra del Agua",no se ha obtenido ningún resultado a pesar de que en este mismo horizonte calcáreo, unos dos o tres kilómetros más al sureste, en la zona de Hoya de Borrones (provincia de Sevilla), se abren las cuevas de Santiago, de interés tanto espeleológico como arqueológico.

7.2 CUEVA DE LOS MUÑECOS

Esta cueva está situada en la Sierra de La Jayona, a unos cinco kilómetros al SSO de Fuente del Arco. Se accede a ella a través de una pista que parte del pueblo. Se localiza en la hoja nº 898 (Puebla del Maestre) del mapa topográfico del Servicio Geográfico del Ejército, E. 1:50.000.

Esta sierra está horadada por minas que explotaban mineral de hierro entre los años 1900 y 1921, aunque se piensa que pueden llegar a tener un origen incluso prerromano (Perianes, V. y Muñoz, P., 1998). El tipo de extracción de mineral, a lo largo de un filón contenido en calizas karstificadas, tanto a cielo abierto como a través de galerías, además del largo tiempo de abandono transcurrido, han propiciado que se forme un paraje con unas características ambientales tan particulares que han provocado que la Consejería de Medio Ambiente, Urbanismo y Turismo de la Junta de Extremadura lo haya declarado "Espacio Natural Protegido", con la figura de "Monumento Natural", el 23 de Septiembre de 1997.

Poco antes de llegar a la línea de cumbre, entre pinos, carrascas, retamas y jaras, y actualmente protegida por una reja metálica, se localiza la entrada de la cueva, que no se trata de una verdadera boca si no de un túnel excavado con fines mineros. La apertura de este túnel fue la que provocó el descubrimiento de la cavidad.

El túnel desemboca en una gran sala que desciende con fuerte desnivel (Figura 58) y va estrechándose hasta acabar en una zona que se inunda en años muy húmedos(Figura 59a). Esta sala está en gran parte - tramo medio- dividida en dos por formaciones tanto estalagmíticas como estalactíticas.

Figura 58

Un hecho muy llamativo en esta cueva es la gran cantidad de guano de murciélago depositado en ella, tanto en el suelo como en las paredes (Figura 59b), ya que esta cueva "... parece ser refugio de, al menos, tres especies de murciélagos: murciélago grande de herradura (*Rhinolophus ferrumequinum*), murciélago de cueva (*Miniopterus schreibersii*) y especies del género *Myotis* (Perianes, V. y Muñoz, P., 1998).(Figura 60).

Figura 59a

Figura 59b

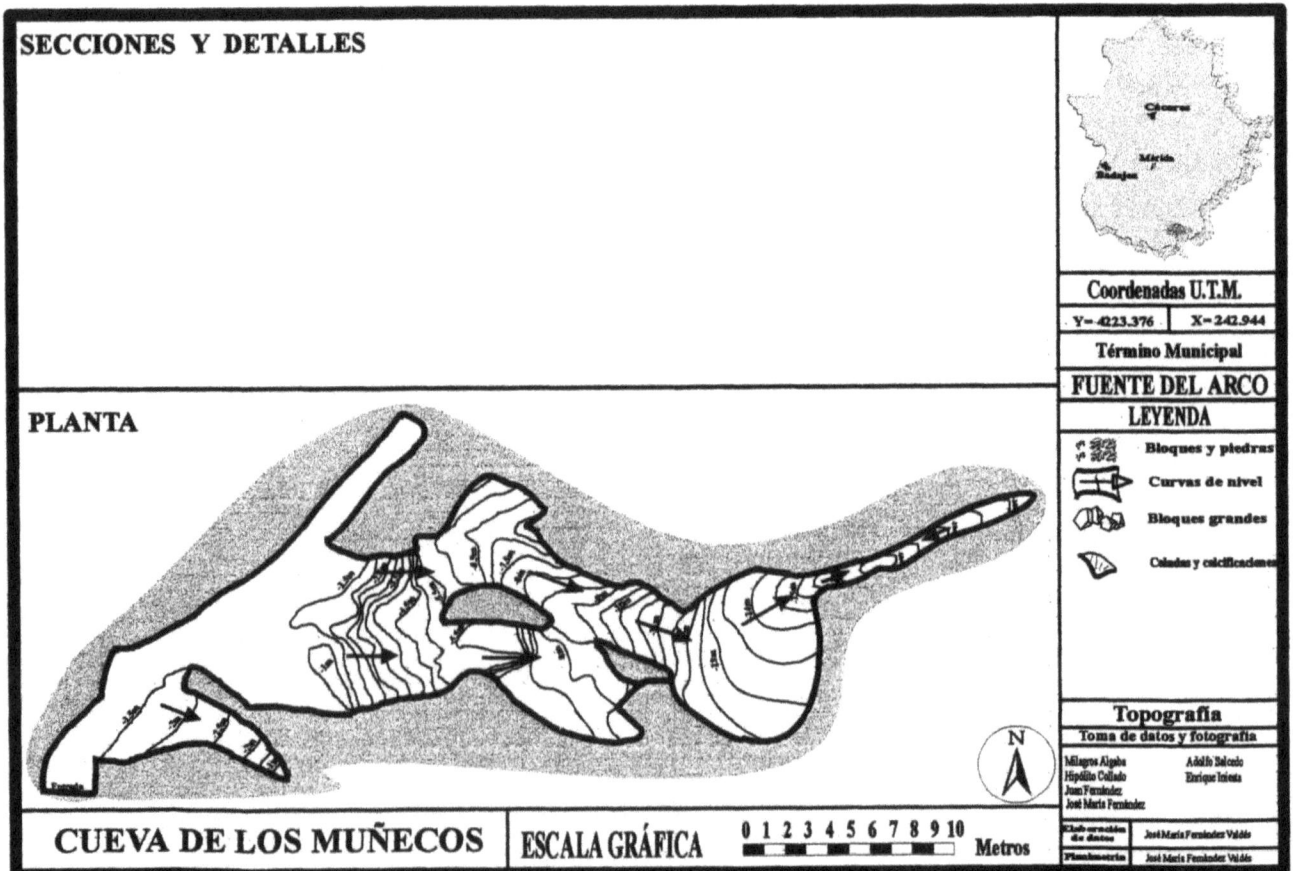

Figura 60

8 ANTICLINORIO OLIVENZA-MONESTERIO

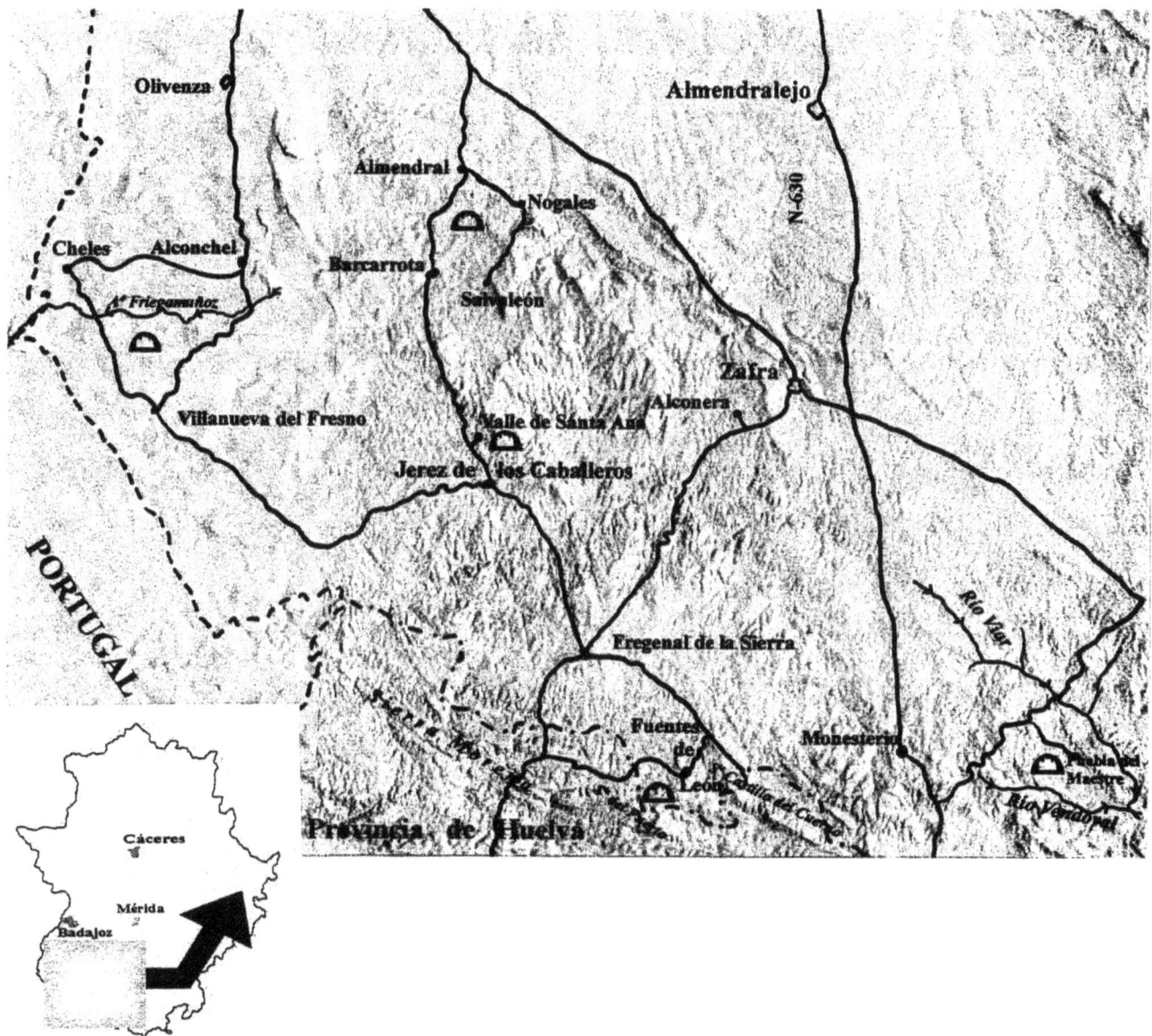

Figura 61

8.1 BREVE DESCRIPCIÓN GEOLÓGICA Y MORFOLÓGICA.

El Anticlinorio de Olivenza-Monesterio es una gran estructura de origen hercínico que se extiende, con dirección NO/SE, por el Sur de la Provincia de Badajoz a través de las comarcas de La Raya, Tierra de Barros, Campiña del Sur, Dehesas del Suroeste, Sierras de Jerez y Tentudía.

A ambos lados del núcleo precámbrico de esta gran antiforma afloran sedimentos carbonatados correspondientes al Cámbrico Inferior, todos ellos equiparables al horizonte calizo de Alconera, ya que éste ha sido considerado como el nivel guía de las formaciones carbonatadas del Cámbrico Inferior en esta zona.

La unidad de Alconera (según la consta en la memoria del Mapa Geológico, E. 1:50.000 nº 828) está constituida por calizas y/o dolomías grises y blancas de grano fino, total o parcialmente marmorizadas y con superficies rojas de alteración, estratificación poco definida y aspecto masivo.

La serie estratigráfica del Anticlinorio en líneas generales (sobre todo en el flanco Sur que es en el que más resultados se han obtenido) comienza con la Sucesión de Tentudía, que consiste en metagrauvacas, pizarras y cuarcitas negras depositadas durante el Precámbrico Medio y Superior en una amplia cuenca no muy profunda y subsidente, con frecuentes aportes volcánicos. Estos materiales fueron afectados por una orogenia Precámbrica (para algunos autores anterior a la Asíntica). Posteriormente, una fase distensiva provoca el ascenso de materiales volcánicos hasta el Ovetiense-Marianiense (cineritas, riolitas y tobas porfídicas), momento en el que se restringe la Cuenca. Es entonces cuando se depositan en ella las series carbonatadas. En la zona Sur la serie sedimentaria se interrumpe aquí. Estos materiales fueron afectados por la orogenia Hercínica que en la primera fase da lugar a pliegues tumbados de fuerte vergencia SE y en la segunda a pliegues de gran radio de dirección N13ºE a N100ºE.(Figura 61).

Desde el punto de vista endokárstico la zona más interesante ha sido la de Tentudía, aunque se han prospectado afloramientos carbonatados en los términos municipales de:

* **Alconchel**: A esta zona nos dirigimos por indicación de su Alcaldía que nos comunicó la existencia de una cueva con pinturas en el paraje conocido como "Los Jareles" situado al SO del pueblo. El acceso se realiza a través de la carretera de Alconchel a Cheles para, posteriormente, a unos cuatro o cinco kilómetros, tomar una de las varias pistas que salen hacia la izquierda hasta cruzar el arroyo de Friegamuñoz, prácticamente en el límite con el término municipal de Villanueva del Fresno.

Una vez allí las únicas cuevas detectadas hasta el momento fueron las ubicadas bajo un monasterio en ruinas -del que hasta el momento no hemos encontrado ninguna referencia-. Estas cavidades, probablemente de origen natural, han sido modificadas por la mano del hombre que, al menos, las

utilizó como cenobio durante un tiempo hasta el momento indeterminado (Figura 62).

Figura 62

*Almendral: En esta zona se prospectaron los afloramientos del Pico del Hacho, situado al Sur del núcleo de población. Se accede a él siguiendo una pista que sale a unos cinco kilómetros, a la izquierda, de la carretera de Almendral a Barcarrota.

Al construir una pista que conduce a la cumbre, con objeto de proporcionar acceso para la instalación y mantenimiento de un repetidor situado en ella, se originaron algunos hundimientos. Uno de los cuales, producido prácticamente en la cumbre, hizo pensar que se trataba de una sima de cierta envergadura. Pero una vez explorada se comprobó que se trataba simplemente de una grieta muy angosta, de unos 35/40 cm de ancho por 1 m -como máximo- de largo, y con de unos 4 m de profundidad (Figura 63).

Figura 63

En este mismo pico, algo más abajo y en la vertiente que se orienta hacia el monasterio de Rocamador se nos indicó la existencia de una sima que actualmente está cegada por una roca, pero se pudo penetrar en ella, gracias a la amabilidad de Silviano -empleado de la finca- que nos desobstruyó la entrada.

42

De esta cavidad, llamada Cueva del Perro por el grupo espeleológico "Hace", que la descubrió en el año 1969, actualmente sólo queda el pozo, que tiene unos 30 metros de profundidad, pero ya no la "zona de estalactitas con goteo constante", ni "una corriente de agua subterránea", descritas por este grupo, sino que acaba en una zona de acumulación de derrubios.

* **Nogales:** En esta zona hay una sima denominada "Cueva del Nacimiento" en el monte de Monsalud situado al SO del pueblo.

* **Alconera:** En su término municipal se localizan unas cavidades en el sitio denominado "La Solapa". Esta finca está situada a menos de un kilómetro al Norte del pueblo siguiendo el camino que lleva a la piscina, y consiste en un pequeño monte que en algunos tramos está prácticamente calado por galerías tanto interiores como exteriores. El hecho de que este calizo ha sido explotado como cantera queda perfectamente plasmado en el paisaje (Figura 64), lo que no está claro es la causa que pudo motivar la apertura del tipo de galerías que lo horadan, que parecen tener un origen artificial aunque, sin un estudio más exhaustivo no se puede descartar que hayan sido labradas a favor de otras de origen natural.

Figura 64

Sus características: tienen poca altura -entre 50 y 80 cm de media- , bastante anchura, y discurren muy próximas a la superficie, hacen que sea difícil aceptar que fueran utilizadas como cantera (Figura 65).

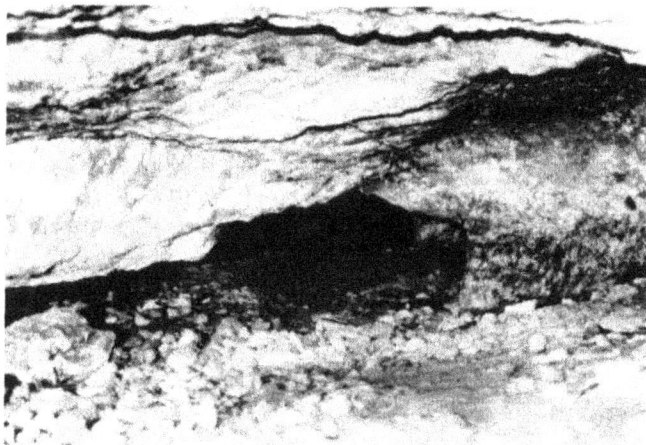

Figura 65

En la zona de la piscina también se observa un cierto modelado kárstico (surgencia, etc), pero no se ha podido localizar ninguna cavidad de origen natural.

* **Valle de Santa Ana:** En su término se ha localizado una cueva.

***Fuentes de León:** Ha sido el término municipal que más hallazgos ha producido, todos ellos en su límite meridional, cerca de la provincia de Huelva, en la Sierra del Castillo del Cuerno (cuevas de: Caballos, Postes, Masero y Sima II) y en la Sierra del Puerto (cuevas del: Agua, Lamparilla y Sima I); y parece que, al menos, el número de simas puede aumentar bastante.

* **Puebla del Maestre:** Se ha localizado al Sur de su término la cueva del "Dolmen".

8.2 CUEVA DEL NACIMIENTO

El acceso a ella no es fácil: para llegar a Monsalud se parte de Nogales por la carretera que va a Salvaleón para después, a cinco o seis kilómetros, coger una pista que se dirige hacia la derecha. El monte hay que subirlo a pie, atravesando una cerradísima vegetación, compuesta fundamentalmente por jara pringosa, ya que no hay ningún camino que se dirija hasta la cueva. Reiteramos nuestro agradecimiento a Juan Francisco, ya que si él no nos hubiera conducido no habríamos tenido forma de encontrarla.

Se localiza en la línea de cumbre y consiste en una sima de algo más de veinte metros de profundidad de la que parten dos pequeñas galerías horizontales, una a unos siete metros de la superficie y otra poco antes de llegar al fondo (Figura 66), que siguen direcciones NE/SO (Figura67).

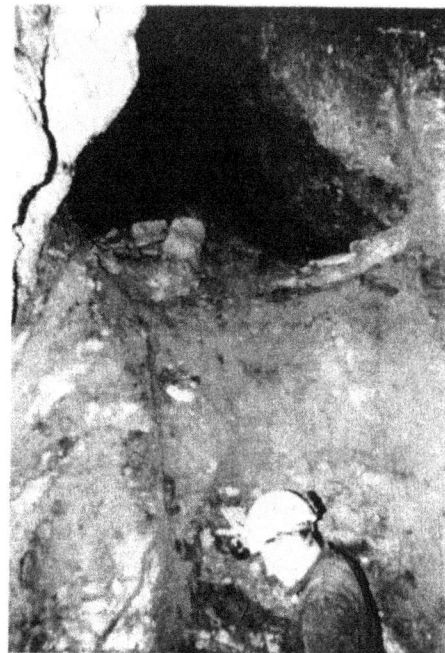

Figura 66

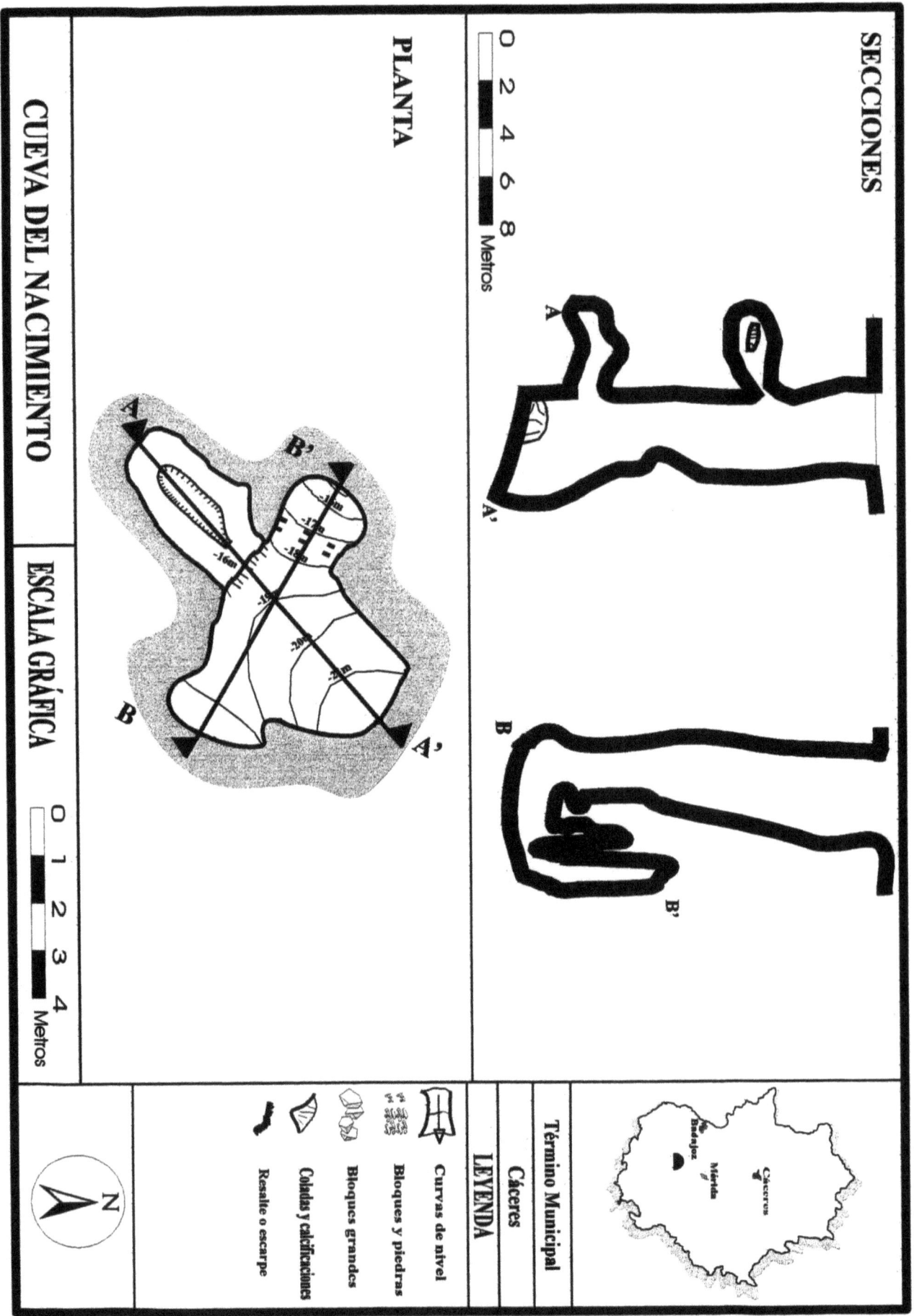

SECCIONES

PLANTA

0 2 4 6 8 Metros

CUEVA DEL NACIMIENTO

ESCALA GRÁFICA

0 1 2 3 4 Metros

N

Término Municipal

Cáceres

LEYENDA

Curvas de nivel

Bloques y piedras

Bloques grandes

Coladas y calcificaciones

Resalte o escarpe

Figura 67

44

8.3 CUEVA DEL VALLE DE SANTA ANA

Esta cueva se abre prácticamente en la cumbre de un pequeño monte de olivos y prados situado en las proximidades del núcleo de población que le da nombre, y que queda al NE. Esta zona se localiza al SO de la Hoja nº 853 (Burguillos del Cerro) del Mapa topográfico E. 1:50.000 del Servicio Geográfico del Ejército.

Al pie de un afloramiento calcáreo, que produce un pequeño resalte de poco más de dos metros de altura, al fondo de un hundimiento, se abre la boca de la cavidad.

La cueva se desarrolla siguiendo la dirección NO/SE. La boca conduce a una galería que tiene un fuerte buzamiento hacia el Norte y coladas al Sur (Figura 68). Esta galería desemboca en la sala principal de la cueva que sigue la dirección descrita. Hacia el NO, tras sobrepasar una pequeña vaguada, asciende en fuerte pendiente hasta prácticamente conectar con la superficie en algunos puntos.

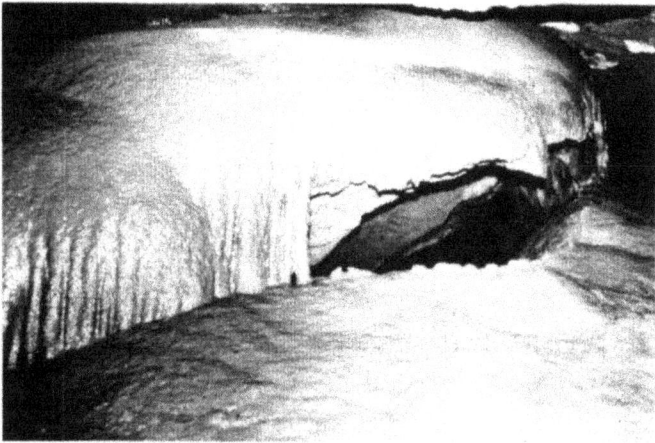

Figura 68

Próxima a la pared occidental de la zona central de la sala, tras unas formaciones estalactíticas y columnas (Figura 69), se abre una grieta que comunica con el piso inferior.

Figura 69

Aproximadamente a un metro y medio de su fondo y perpendicular a ella, parte una gatera que se bifurca en otras dos que acaban en el nivel freático. La de la derecha (Figura 70), de mayor desarrollo longitudinal, acaba en la pequeña sala del lago.

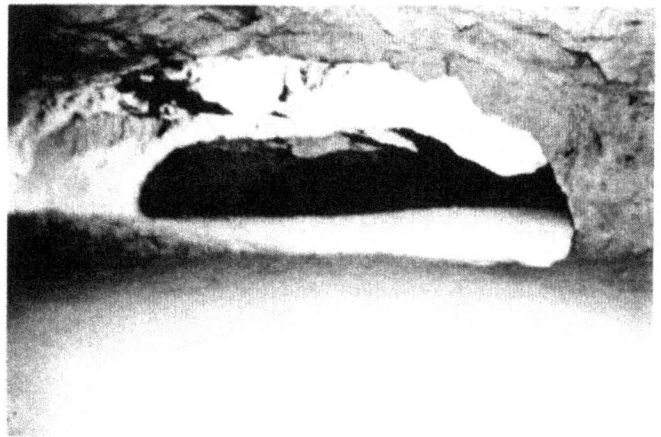

Figura 70

Desde la zona SO de la galería principal, un pozo que acaba en una gatera con una fuerte rampa, comunica con el piso inferior por medio de una grieta desde la que se ve el lago (Figura 71).

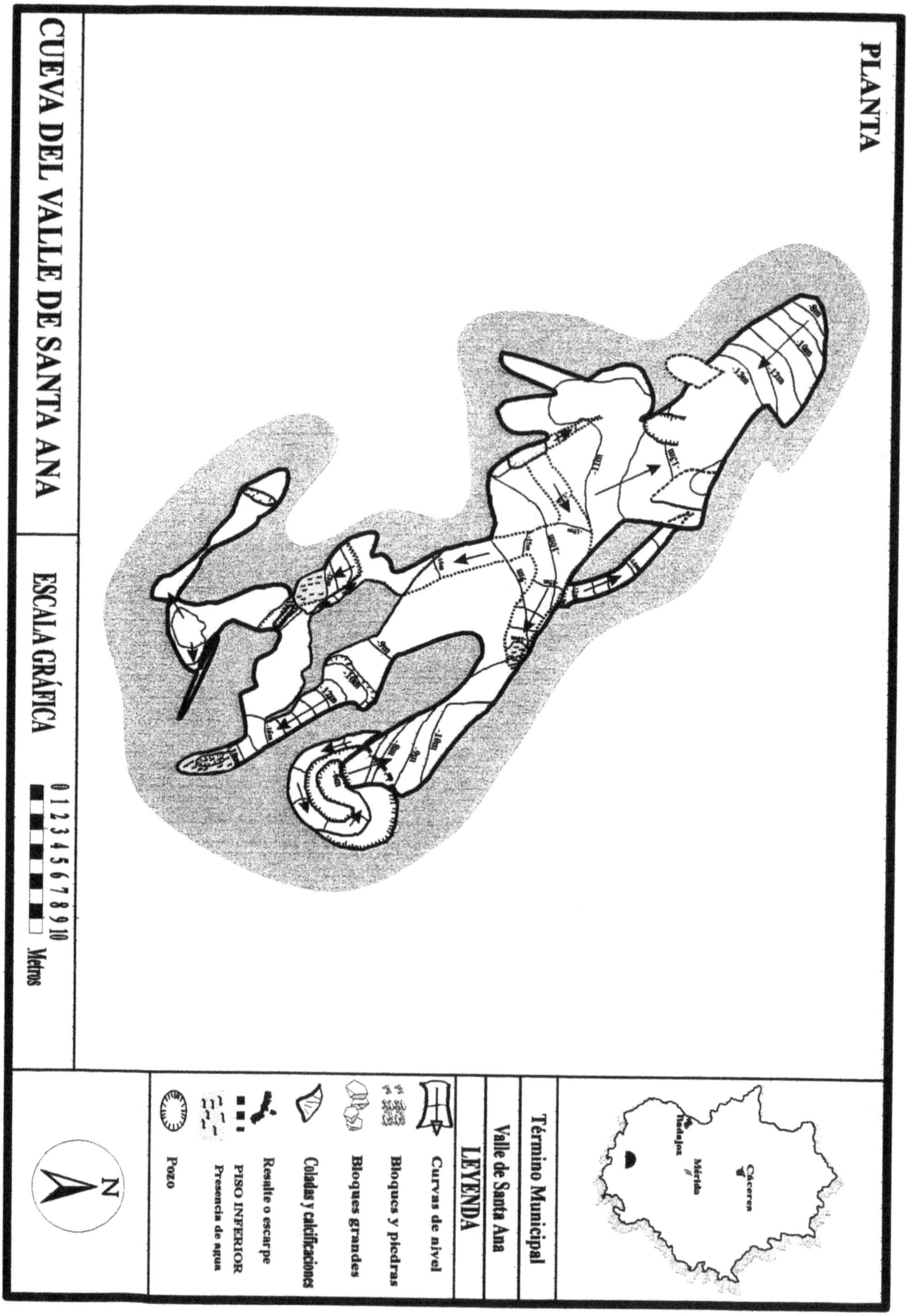
PLANTA
CUEVA DEL VALLE DE SANTA ANA
ESCALA GRÁFICA
0 1 2 3 4 5 6 7 8 9 10
Metros
Término Municipal
Valle de Santa Ana
LEYENDA
Curvas de nivel
Bloques y piedras
Bloques grandes
Coladas y calcificaciones
Resalte o escarpe
PISO INFERIOR
Presencia de agua
Pozo
N
Cáceres
Mérida
Badajoz

Figura 71

8.4 CUEVA DEL AGUA

Está situada en la Sierra del Puerto, en el paraje conocido como Suerte de los Morteros y se localiza en la hoja nº 897 (Monesterio) del mapa topográfico, E. 1:50.000, del Servicio Geográfico del Ejército. Se accede a ella a través de una pista que sale a la izquierda de la carretera que une Fuentes de León con Cañaveral de León (esta última localidad pertenece a la provincia de Huelva), aproximadamente en el Km 2. Se sigue la pista tras cruzar el puente y posteriormente se toma una desviación a la derecha que baja hasta el arroyo Montemayor. Atravesando éste, y entrando por una cancela, se coge un camino a la izquierda que conduce a la cueva.

Esta cavidad es un importante acuífero en el que han instalado una bomba de extracción de agua. Hasta el momento es la mayor de la zona, con más de 100 m longitud topografiados y posiblemente otros tantos más.

Su recorrido es fundamentalmente unidireccional (NO/SE). Al poco de trasponer la pequeña boca de entrada (Figura 72),

Figura 72

en la única galería que forma la cueva, aparece un caos de bloques profusamente recubierto de sedimentos arcillosos,

Figura 73

procedente de un desprendimiento cenital que ha provocado la apertura de una ventana. La galería continúa en fuerte pendiente descendente (Figura 73) hasta acabar en el lago (Figura 74).

Figura 74

A unos veintitrés metros de distancia hay un estrechamiento de unos quince metros de longitud que desemboca en una bifurcación: de frente continúa el lago casi otros veinte metros y a la izquierda unos ocho y a partir de ahí, siguiendo la misma dirección en paralelo, continúa la cavidad unos cuarenta metros. En la sala final y a la izquierda existe una ventana que, mediante una gatera descendente, comunica con el sifón que ha impedido la continuación de los trabajos de topografía, no así los de exploración, que constataron la continuidad de la cueva varias decenas de metros más, con galerías y salas en los que se observan un gran número de espeleotemas..

Del comienzo de la galería principal parte una imbricada red de gateras y pequeñas salas, cubiertas por profusión de sedimentos arcillosos (Figura 75).

Esta cueva era conocida en el marco de la bibliografía arqueológica, pues es citada por J.Ramón Mélida en el catálogo monumental de España (Mélida, 1925). Sin embargo, no había sido objeto de trabajos sistemáticos hasta la presente campaña. Hemos recogido referencias previas de algunos eruditos locales que no hacen sino corroborar la existencia de estos restos arqueológicos. En 1984, en el marco de la desafortunada "Operación Piraña", se realizaron algunas excavaciones ilegales en el interior de la cavidad que proporcionaron un importante lote de materiales arqueológicos, actualmente desaparecidos. Por comunicación oral hemos conocido que se trataba principalmente de cerámicas tanto lisas como decoradas a base de incisiones, aplicaciones plásticas e impresiones a boquique, además de algunos restos humanos. Estos materiales apuntan a un estadio paralelo al documentado en la Cueva de la Charneca (Oliva de Mérida), o en la cacereña cueva del Conejar. Durante nuestros trabajos de prospección y documentación en el interior de la cavidad fueron localizados depositados sobre la superficie, en el interior de una especie de pequeñas hornacinas abiertas en los laterales de la galería principal de acceso, restos cerámicos muy fragmentados pertenecientes a

PLANTA

CUEVA DEL AGUA

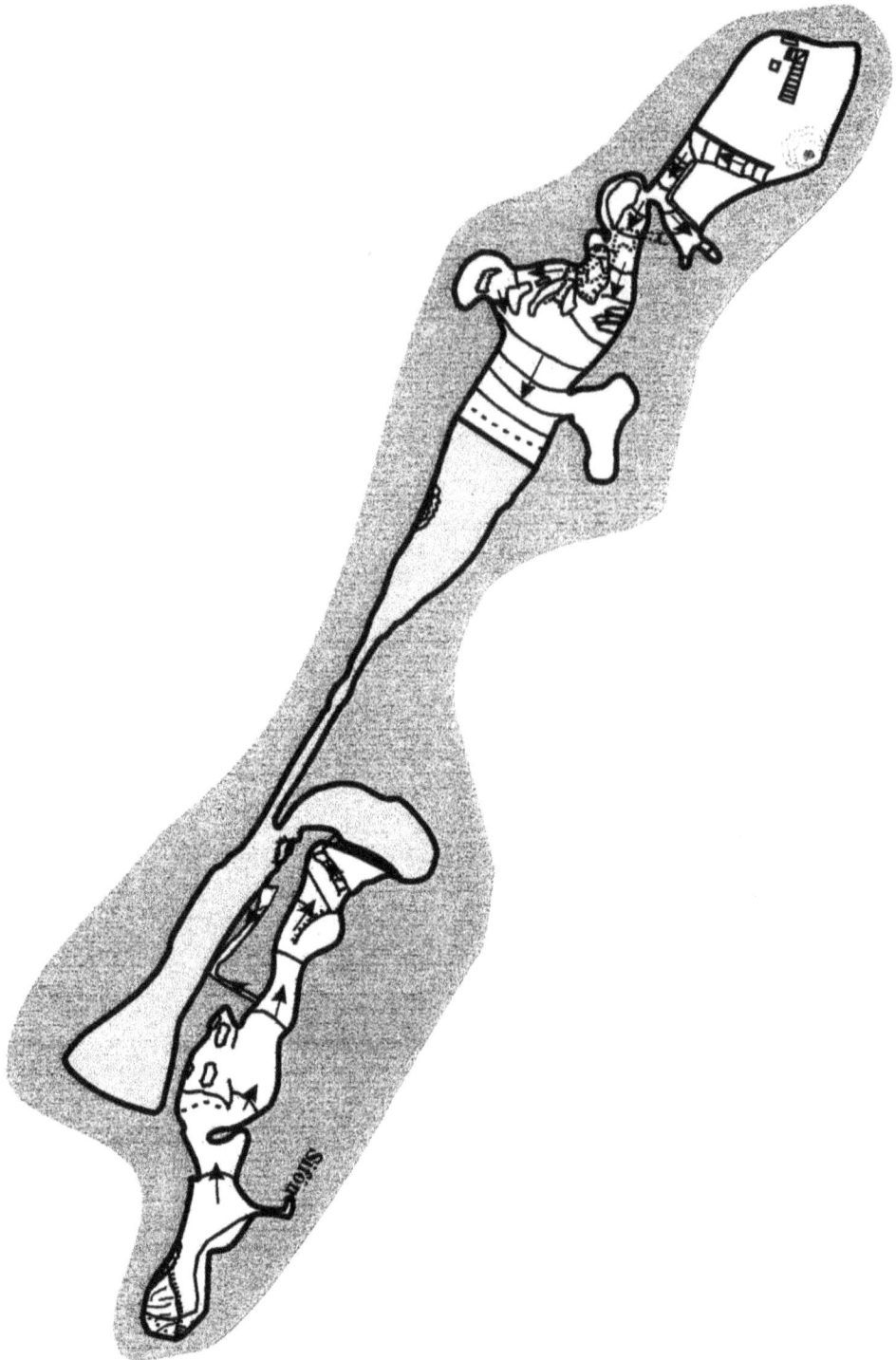

Sifón

ESCALA GRÁFICA

0 2 4 6 8 10 12 14 16 18 20   Metros

LEYENDA

Término Municipal

Fuentes de León

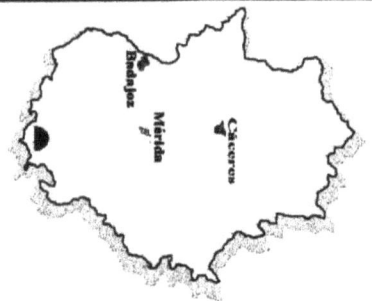

Curvas de nivel	
Bloques y piedras	
Bloques grandes	
Coladas y calcificaciones	
Gatera Inferior	
Resalte o escarpe	
Lago	
Pozo	

N

Figura 75

recipientes esféricos, en forma de saco o con paredes rectas o ligeramente entrantes. Los fragmentos no presentaban decoración, tan sólo un simple alisado exterior. Las pastas eran de muy mala calidad, mal decantadas, con tonalidades oscuras y cocidas deficientemente en atmósfera reductora. También fueron hallados algunos huesos humanos, principalmente falanges y algunas conchas de caracol, además de algunos pequeños fragmentos de material carbonizado (posiblemente madera). Todos los datos apuntan a un posible uso funerario de este espacio de la cueva.

A este grupo de materiales hay que añadir la presencia de un panel con grabados que hasta el momento había permanecido inédito. Este panel se encuentra situado a cincuenta centímetros a partir del nivel del suelo, sobre una pequeña colada calcítica de cincuenta centímetros de longitud por veinte de altura, localizada sobre la pared derecha del corredor de entrada, un estrecho pasillo de 1,60 m de anchura por 1,10 m. de alto.

El grabado describe una serie de ángulos entrecruzados a modo de diente de sierra. La técnica empleada en la ejecución de los grabados es el trazo lineal fino,

completamente patinado al interior y cubierto en algunas zonas por deposición calcítica, lo que confirma su antigüedad, que pensamos debe ser paralela a la del conjunto de restos muebles hallados en el interior de la gruta (Figuras 76 y 77).

Figura 76

Figura 77

49

8.5 CUEVA DE LA LAMPARILLA

Está situada en la Sierra del Puerto, a unos 100 metros al Sur de la cueva del Agua, a media distancia entre el camino (antes de que éste describa un gran curva hacia la derecha) y la orilla derecha del arroyo de Montemayor. El acceso es bastante dificultoso debido a lo impenetrable de la vegetación en algunos tramos.

La boca se abre en un escarpe calcáreo, de unos tres o cuatro metros de altura, situado frente al río y da paso a una angosta galería que, tras describir una doble curva, desemboca en la sala principal de la cueva. Ésta ofrece un aspecto muy laberíntico, provocado por la profusión de espeleotemas y por los caos de bloques (Figura 78).

Figura 79

Figura 78

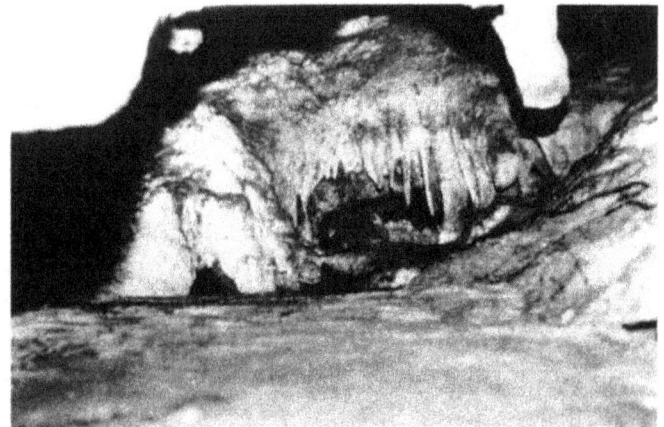

Figura 80

Por la zona Este de la sala la cavidad continúa por medio de una estrecha galería de dirección prácticamente Este/Oeste que, al menos dos veces, está perforada por pozos que comunican con una galería inferior ya en el nivel freático (Figura 79).

A la derecha de la galería de acceso a la cavidad, justo al salir de la sala principal hay una pequeña salita con una repisa colgada, a modo de coro que, de suelo a techo, apenas alcanza los 40/50 cm(Figura 80). Debajo de ella hay un pequeño pozo que comunica con otra pequeña sala en un nivel inferior.

Esta cueva es muy activa, tiene gran cantidad y variedad de espeleotemas (estalactitas, estalagmitas, coladas, microgours, alguna excéntrica pequeña y cristales de calcita en las paredes) (Figura 81).

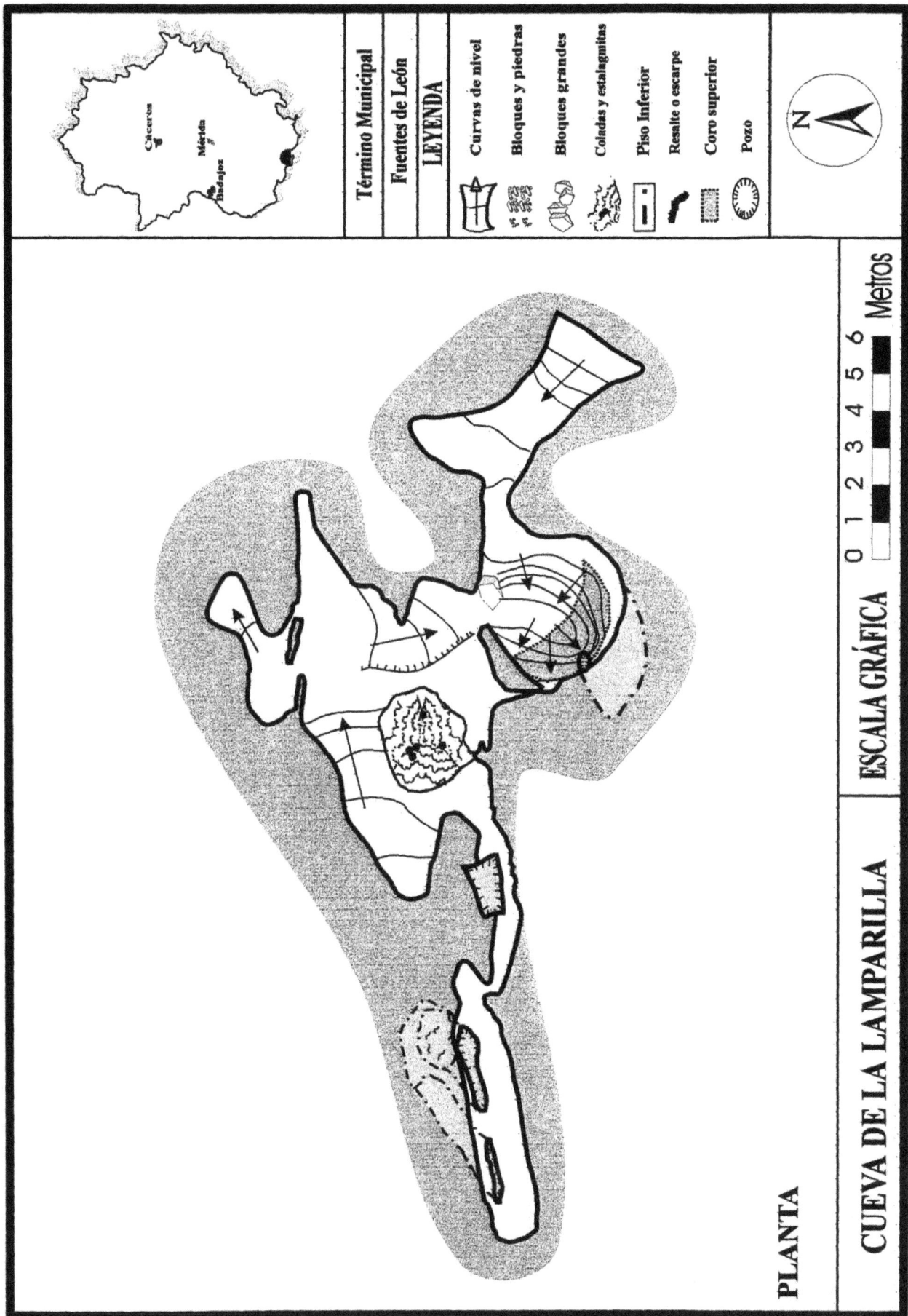

PLANTA

CUEVA DE LA LAMPARILLA

ESCALA GRÁFICA

0 1 2 3 4 5 6 Metros

Término Municipal

Fuentes de León

LEYENDA

Curvas de nivel

Bloques y piedras

Bloques grandes

Coladas y estalagmitas

Piso Inferior

Resalte o escarpe

Coro superior

Pozo

Cáceres

Mérida

Badajoz

N

Figura 81

8.6 SIMA 1

Está situada en el paraje denominado "Suerte del Mortero", en la zona de la Utrera. Para acceder a ella se sigue el mismo camino que para la cueva del Agua; una vez pasada ésta se continúa hasta cruzar una cancela, entonces (al pasar los tubos de un pozo de sondeo) se deja el camino y se sube por un monte bastante cerrado, con encinas, fundamentalmente, acebuches, carrascas, mayoletas, torviscos, lirios, candiles, tréboles, etc.

La sima está rodeada por un cercado de piedra y desde ella se divisa una torre almohade (en línea, al otro lado del río). Se abre a favor de una diaclasa de dirección N60ºE, que buza 80º (Figura 82) y tiene una parte excavada ya que en tiempos se intentó explotar como mina (Figura 83).

Figura 82

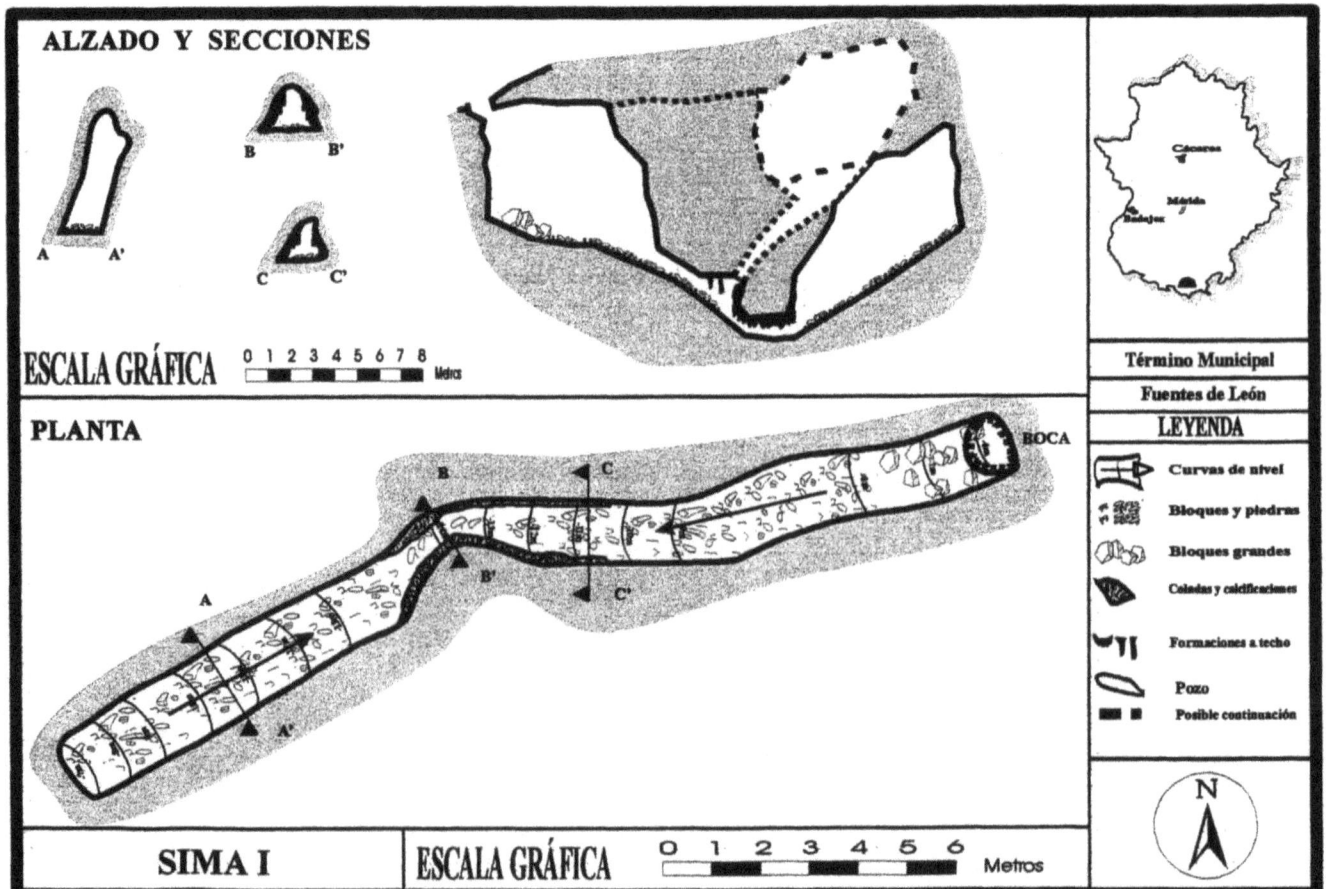

Figura 83

52

8.7 CUEVA DEL CABALLO

Está situada en la sierra del Castillo del Cuerno. Se accede a ella por la misma pista que conduce a la cueva del Agua, pero dejándola nada más pasar el puente; desde ahí ya se ve el resalte que produce el afloramiento calcáreo donde se encuentra la cavidad. Para llegar a ella hay que atravesar dos cancelas que quedan en el lado izquierdo de la pista y cierran un prado adehesado para ganado vacuno.

Prácticamente oculta por la vegetación que tapiza el afloramiento, la amplia boca conduce a la galería principal, en forma de pozo en rampa, con bajada por caos de bloques, que se van haciendo más pequeños según se penetra en la cueva. A pocos metros de la entrada, a la derecha, se abre una pequeña galería. Aproximadamente hacia la mitad de su recorrido la galería principal se ve cortada por otra transversal, que hacia la derecha es poco más que una gatera, pero que hacia la izquierda está mucho más desarrollada, tanto en longitud como, sobre todo, en altura y con formaciones interesantes (Figura 84).

Figura 85

A pesar de la sugerente toponimia con que es conocida esta cavidad, no localizamos referencias bibliográficas de la presencia en su interior de elementos arqueológicos.

Al realizar los trabajos de documentación arqueológica se pudo constatar la existencia de restos de cerámica. Se trata de dos únicos fragmentos de galbo lisos realizados a mano, de pasta oscura con desgrasante medio, cocción reductora y un ligero alisado como tratamiento superficial. Pertenecen a dos diferentes piezas de tendencia globular que posiblemente estén en consonancia con el material documentado en la cercana Cueva del Agua, por lo que sería factible atribuirlos en ambos casos una cronología similar.

Figura 84

Hacia el fondo se va estrechando y se llega al nivel de agua en períodos muy lluviosos (Figura 85)(Figura 86).

ALZADO

PLANTA

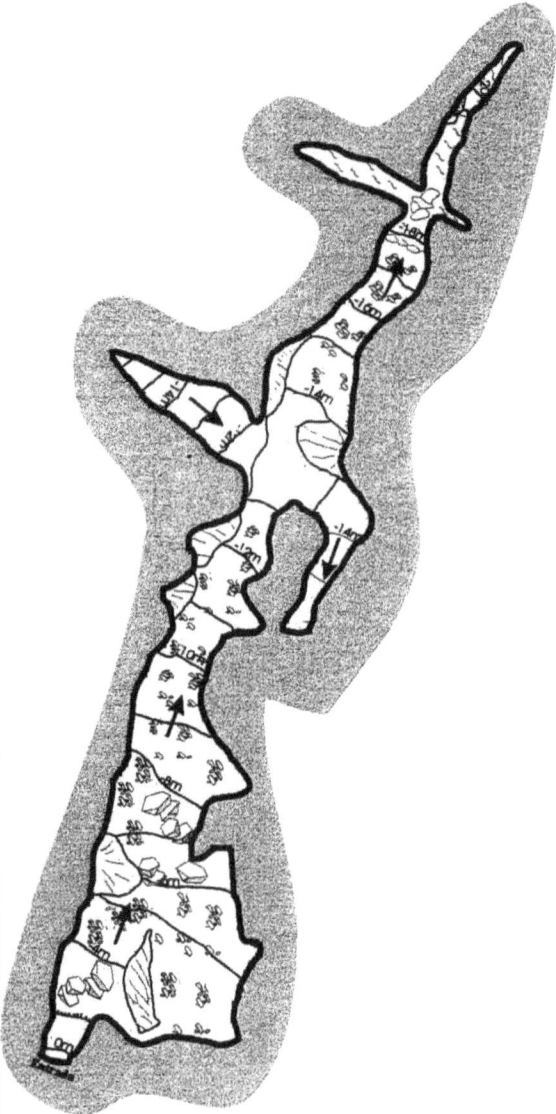

CUEVA DEL CABALLO

ESCALA GRÁFICA 0 1 2 3 4 5 6 7 8 9 Metros

ESCALA GRÁFICA 0 1 2 3 4 5 6 7 8 9 Metros

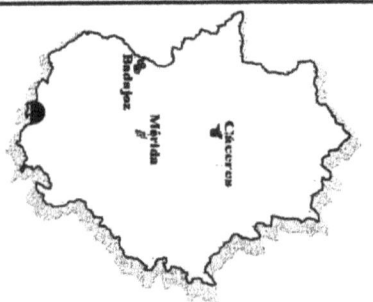

Término Municipal
Fuentes de León

LEYENDA

Curvas de nivel
Bloques y piedras
Bloques grandes
Coladas y estalagmitas
Resalte o escarpe

N

Figura 86

54

8.8 CUEVA DE LOS POSTES

Está situada algo más arriba y a la izquierda de la anterior, siguiendo el mismo afloramiento, que en esta zona es menos evidente ya que está bastante recubierto por arcilla y sólo afloran pequeños bloques de caliza.

La boca, muy pequeña, se abre entre bloques calcáreos que dan lugar a una sección triangular y conduce, por una pequeña rampa descendente y arcillosa, a una pequeña sala (su comienzo lo marca una pequeña alineación de estalactitas viejas, cortas y romas, de unos 30 a 40 cm de altura, perpendicular a la dirección de entrada), de la que parte una galería a la derecha. Esta sala se ve interrumpida al fondo por unas hileras de estalactitas y columnas, que actúan a modo de barrera ya que "frenan" arcilla y piedras (Figura 87), que la separan de la siguiente, que más que una sala es la galería principal de la cueva (Figura 88).

Figura 87

Figura 88

Ésta tiene el nivel de suelo algo más bajo que el de la primera sala y cubierto, en una primer tramo, por cantos heterométricos de bordes poco o nada rodados; el lateral derecho (siguiendo la dirección de penetración en la cueva) está cubierto por una colada calcítica de cierto espesor, tapizada de microgours, que parecen estar en proceso de disolución, por el aspecto arenoso y punteado que presentan

(Figura 89).

Figura 89

El siguiente tramo asciende de forma bastante acusada y está cubierto de arcilla. A la izquierda se abre un laminador, con un buzamiento bastante fuerte, y pendiente descendente hacia la entrada, donde se abre una fisura con desplome de grandes bloques que producen una galería de sección triangular. El laminador está lleno de microgours y acaba en un resalte, donde se forman pequeñas estalactitas, ésta es una zona activa. El fondo de la cueva está formado por una repisa en alto que se cierra en plano y en la que se abren dos gateras en sus extremos, a favor de un plano de estratificación, motivo por el cual tienen el suelo liso, e inclinado, y el techo en "V" invertida. La bóveda en esta zona es plana y con "suturas" con alineaciones de pequeñas estalactitas (Figura 90).

PLANTA

CUEVA DE LOS POSTES

ESCALA GRÁFICA

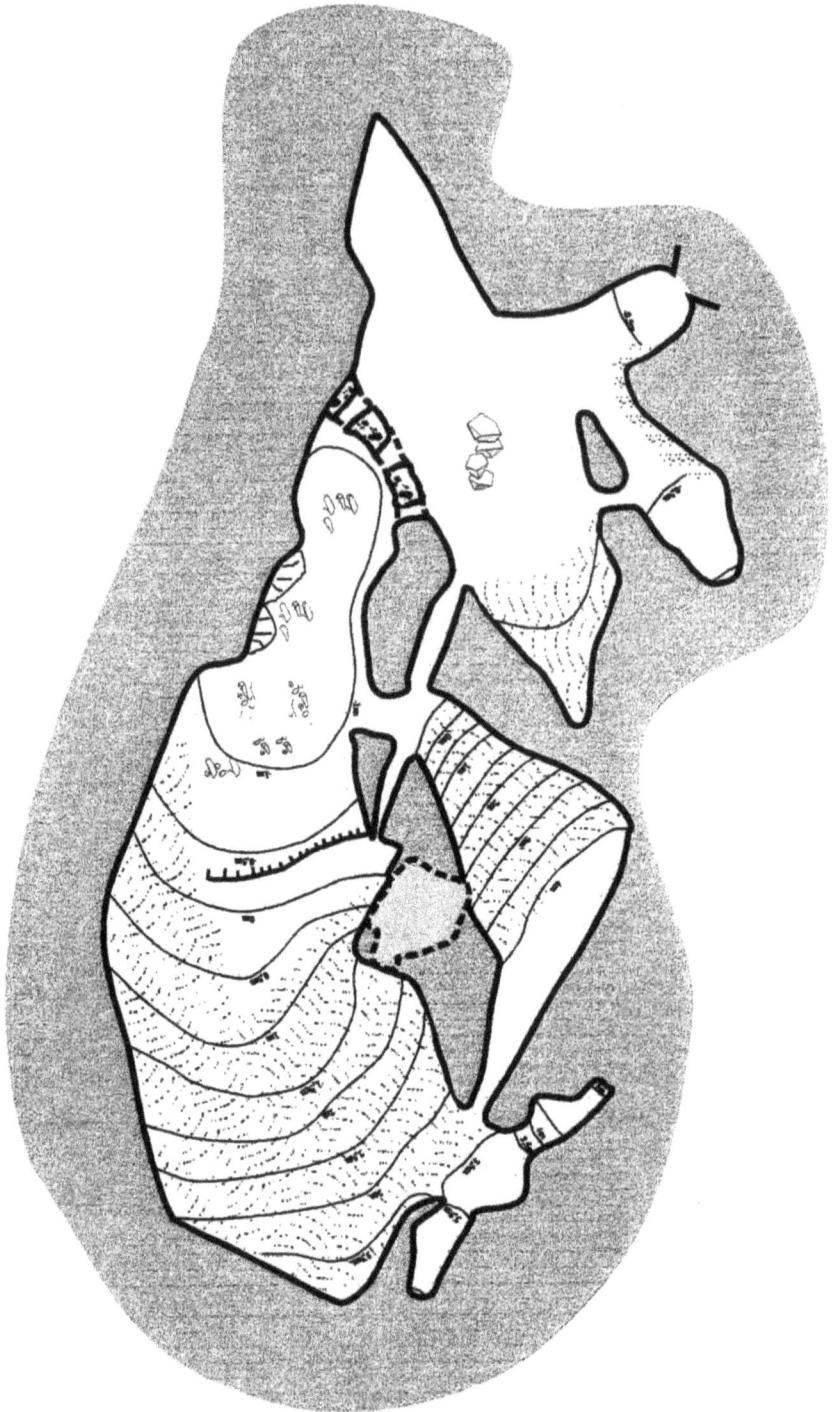

0 1 2 3 4 5 6 7 8 9 10 Metros

Figura 90

56

8.9 CUEVA MASERO

Está situada en la en las proximidades de las anteriores, unos metros después de pasar el puente, casi en la cumbre del afloramiento calcáreo que queda a la izquierda.

Bajo un peto de roca calcárea de unos dos metros de altura se abre la boca en sima. El resto del perímetro de ésta es bastante terroso y está protegido por un pequeño murete de piedras.

El pozo tiene una profundidad de cinco metros aproximadamente, y desemboca en un cono de deyección de pendiente pronunciada. Este cono acaba en una sala de algo más de cien metros cuadrados que, al igual que el resto de la cueva está cubierta profusamente por gran abundancia de espeleotemas en calcita muy pura (columnas, banderas, estalactitas, estalagmitas, y coladas) y probablemente algo de aragonito (excéntricas). Al fondo de la sala hay muchos derrumbes sellados por coladas (Figuras 91, 92 y 93).

Figura 93

Figura 91

Esta cueva nos fue mostrada al final de la campaña, por lo que no hemos podido realizar su topografía. A pesar de ello hemos creído importante incluirla por su belleza espeleológica.

8.10 SIMA COCHINOS

Está situada en el término municipal de Fuentes de León, en la línea de cumbre de la sierra del Castillo del Cuerno, muy cerca del límite con la provincia de Huelva.

Esta sima, se abre en un olivar y tiene dos pequeñas bocas a escasos metros una de la otra (ambas tapadas, una por una roca para evitar que se caigan los animales y por encima de la otra pasa una valla de piedra). La primera es accesible, aunque muy angosta, y conduce a un pozo, también muy estrecho al comienzo, que tiene una profundidad aproximada de 20 m. Desemboca en una pequeña sala con escasas formaciones y con un potente sedimento de desechos ya que viene siendo utilizada desde hace tiempo como basurero (nos comentaron que, entre muchas otras cosas, hace unos años se tiraron a ella cincuenta cerdos afectados de peste africana) (Figura 94).

Figura 92

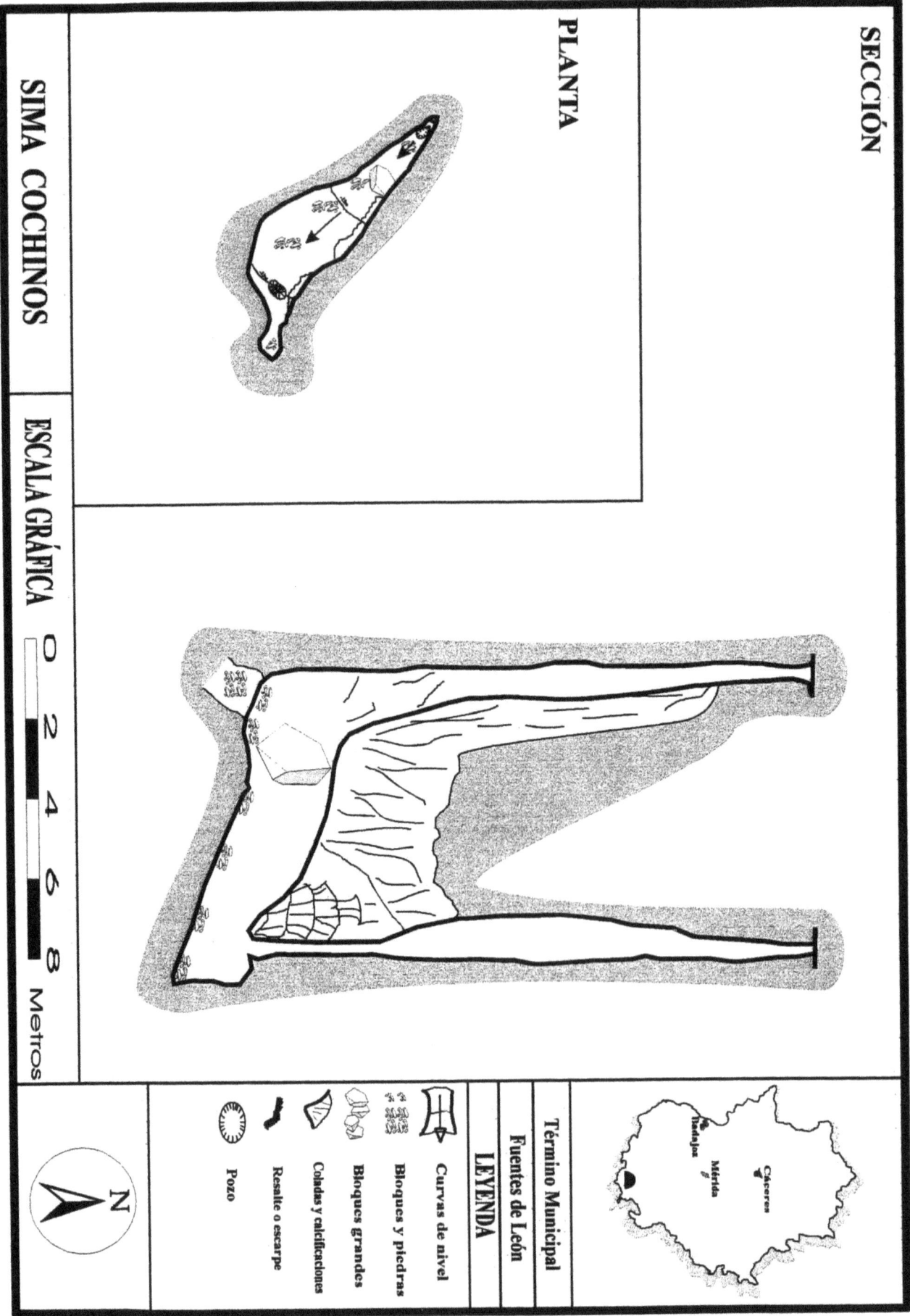

SECCIÓN

PLANTA

SIMA COCHINOS

ESCALA GRÁFICA

0   2   4   6   8
Metros

N

LEYENDA

Término Municipal
Fuentes de León

Curvas de nivel
Bloques y piedras
Bloques grandes
Coladas y calcificaciones
Resalte o escarpe
Pozo

Figura 94

58

8.11 CUEVA DEL DOLMEN

Esta cueva está situada en el término municipal de Puebla del Maestre, al SE del núcleo de población. Se localiza en la hoja nº 898 (Puebla del Maestre) del mapa topográfico, E.1:50.000, del Servicio Geográfico del Ejército. Para acceder a ella se toma una carretera que se dirige hacia la zona de los Cortijos y, una vez pasado el Barranco de los Gallegos, se continúa por una pista que sale a la izquierda, hasta llegar al río Vendoval. En esta zona el río atraviesa un banco de rocas carbonatadas que afloran produciendo un resalte positivo en el paisaje (Figura 95), y es aquí, en la margen derecha del río donde se abre esta pequeñísima cueva.

Figura 97

Figura 95

La cavidad tiene tres bocas, dos de ellas practicables, aunque de muy pequeñas dimensiones (Figura 96).

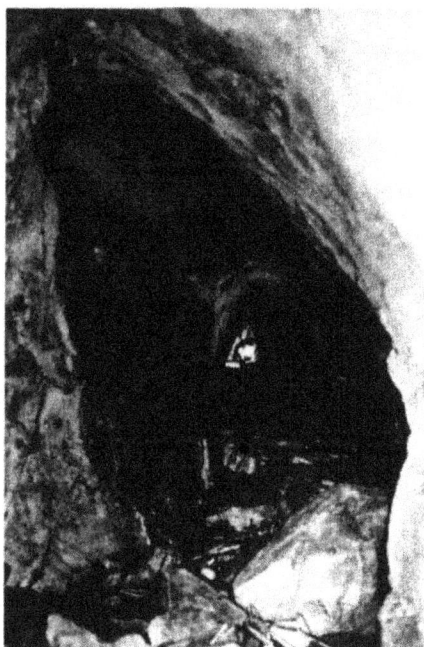

Figura 96

Está formada por una sola galería de recorrido ascendente, que va girando sobre sí misma (Figura 97), de manera que la segunda boca queda prácticamente sobre la primera. A mitad del recorrido una pequeña chimenea comunica con el exterior(Figura 98).

PLANTA

CUEVA DEL DOLMEN

ESCALA GRÁFICA

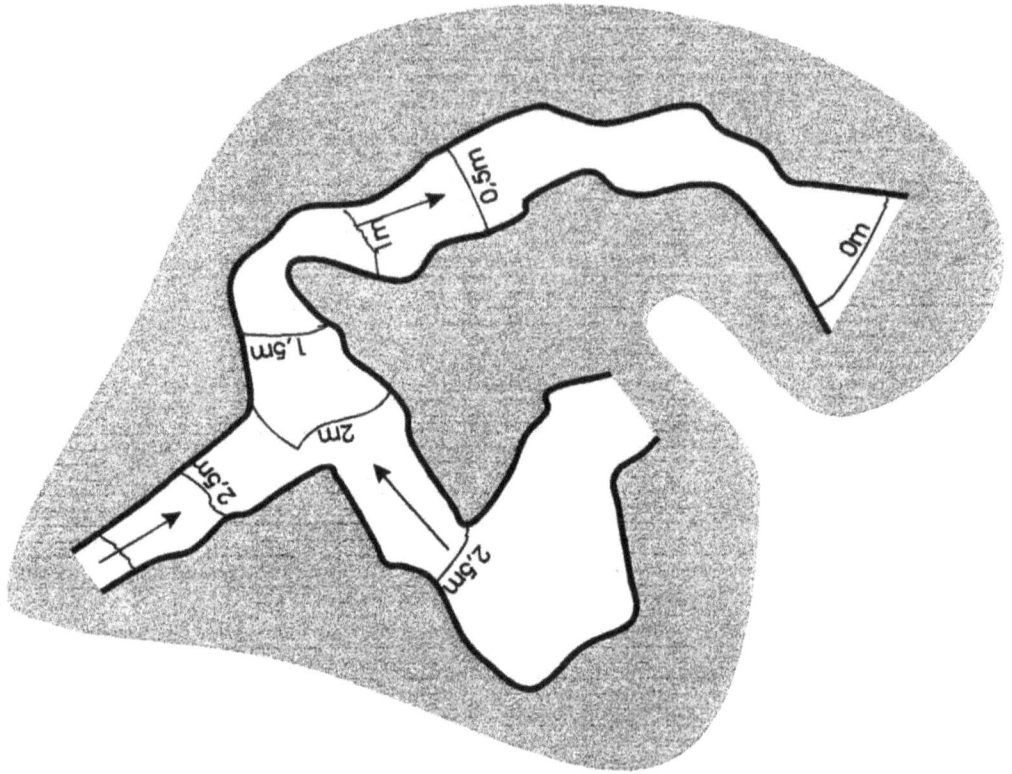

0 1 2 3 4
Metros

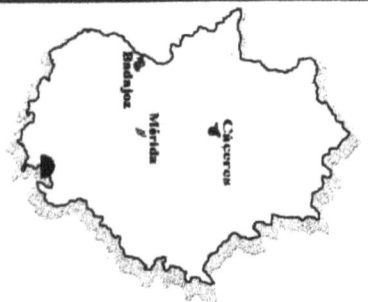

Curvas de nivel

Bloques y piedras

Bloques grandes

Coladas y calcificaciones

Resalte o escarpe

N

Figura 98

60

Figura 99.-

Figura 100.-

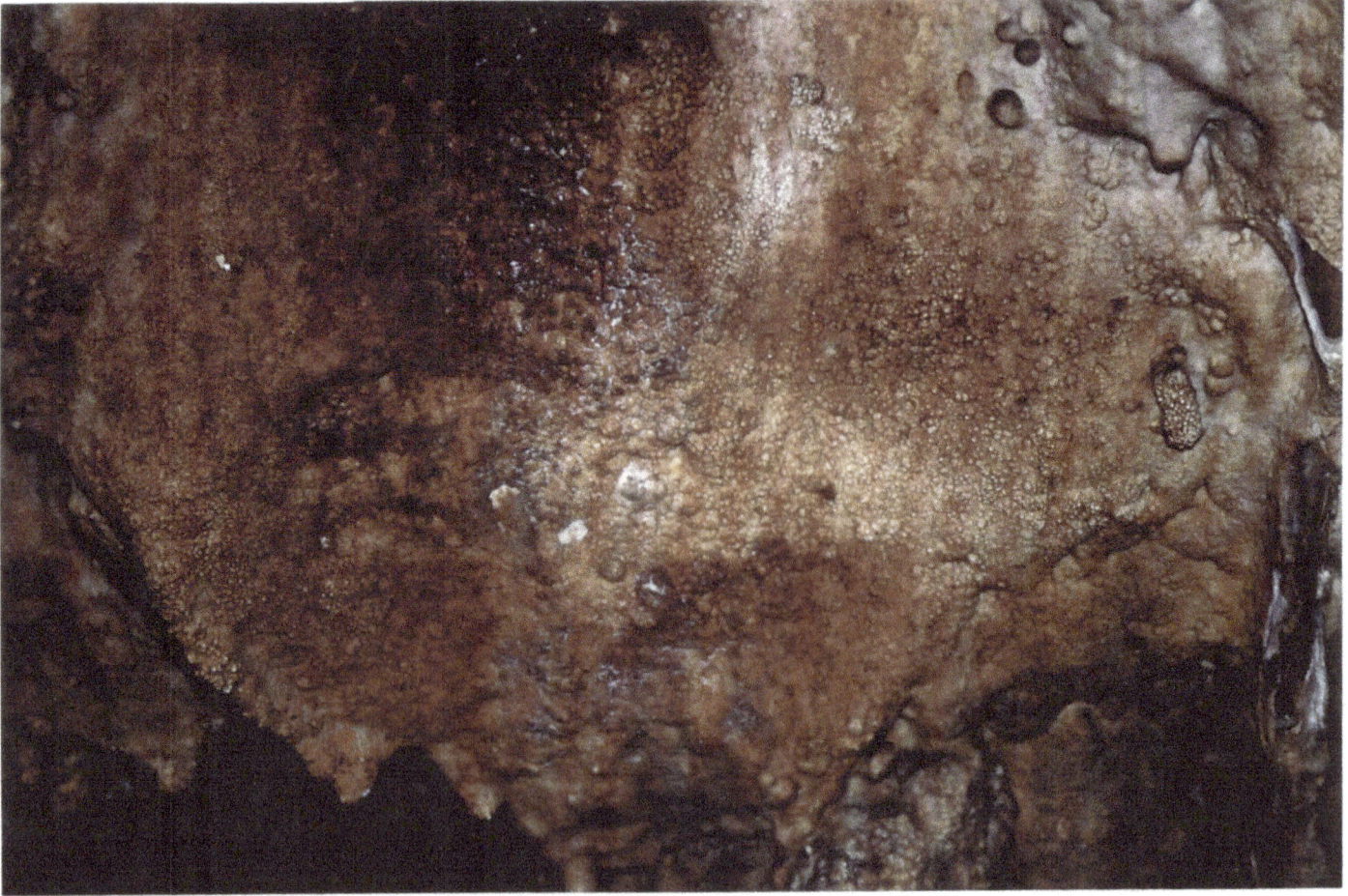
Figura 101.-

Figura 102.-

Figuras 99 y 100.- Cueva Masero (Fuentes de León, provincia de Badajoz). Esta cavidad es un magnífico ejemplo de belleza espeleológica, en ella hay una enorme profusión y variedad de espeleotemas: estalactitas, banderas, excéntricas, coladas con cristales de calcita (Figura 99) y estalagmitas, "corales" , gours, etc. (Figura 100).

Figura 101.- Mano en negativo. Panel IV. Sala de las Pinturas. Cueva de Maltravieso. Cáceres. La cueva de Maltravieso alberga el conjunto más importante de representaciones de manos en la Península Ibérica.

Figura 102.- Bóvido. Panel XXVIII. Sala de las columnas. Cueva de Maltravieso. Cáceres. Es la única representación animal, de cronología superopaleolítica, que aparece pintada en la Comunidad Autónoma de Extremadura. Representa la última fase de las pinturas paleolíticas en esta cavidad.

9. EVOLUCIÓN DIACRÓNICA DE LA OCUPACIÓN HUMANA EN LAS CUEVAS DE EXTREMADURA

9.1 .- Paleolítico

Las primeras evidencias de ocupación humana en las cuevas extremeñas son detectadas en la zona del calerizo cacereño, más concretamente en la Cueva de Maltravieso donde, como se ha referido anteriormente, han sido documentadas representaciones parietales pintadas y grabadas encuadrables en el Paleolítico Superior. No obstante, y dejando momentáneamente a un lado estas manifestaciones, la presencia de restos de fauna pleistocénica en el lapiaz exterior del calerizo, así como de algunos restos de utillaje lítico correspondiente a las fases antigua y media del Paleolítico, hacen pensar en la posibilidad de una ocupación esporádica de la cueva durante estos períodos. En este sentido es importante recordar la presencia de restos faunísticos "aprisionados por la durísima argamasa calcárea" (Callejo, 1958: 17) en el interior de la Cueva de Maltravieso. Restos óseos y dentarios de especies como los osos de las cavernas, las hienas o los rinocerontes fueron atestiguados en su interior en el momento mismo del descubrimiento de esta cavidad, lo que permite concebir la posibilidad de ocupaciones muy tempranas fechables en las fases finales del Paleolítico Inferior y a lo largo del Paleolítico Medio.

Por desgracia, la falta de organización y la inexperiencia de las personas que recogieron estos restos en el momento del descubrimiento de la cueva (Agosto de 1951), provocaron la pérdida irremediable de los mismos. Esperemos que los nuevos proyectos de investigación que se desarrollarán próximamente en esta zona, consigan ampliar los datos referidos a estas posibles ocupaciones durante el Pleistoceno Medio.

Entrando ya de lleno en la ocupación finipleistocénica de Maltravieso, las superposiciones de motivos detectadas en los paneles III, V y XXII de la cueva permiten establecer tres etapas diacrónicas:

1ª Etapa:

Está integrada por las representaciones incisas del panel III de la Sala de las Pinturas. Una pequeña cabeza de cáprido orientada hacia la izquierda de 13 cm de longitud y 9 cm de anchura, en la que son perfectamente visibles los dos cuernos, curvados hacia atrás, la frente, el morro y la quijada del animal. Por debajo se sitúan dos motivos triangulares, el primero con el vértice hacia arriba de 11 cm de base y 7 cm de altura, y el segundo con el vértice en posición invertida de 10,5 cm de base y 4,5 cm de altura (Fig. 36).

Todas estas figuras se encuentran totalmente recubiertas por una colada calcítica sobre la que posteriormente se pintaron una serie de manos y unas puntuaciones en negro. Tanto es

así que el triángulo mayor está infrapuesto a la mano número 11 y algunos puntos en negro se superponen parcialmente a la cabeza de cáprido grabado (Ripoll, Collado, Ripoll, 1999: en prensa).

Aunque las características estilísticas de la figura zoomorfa grabada en este panel correspondan, según la clasificación tradicional de A. Leroi-Gourhan al estilo III, la cubierta calcítica, el tipo de grabado, la proximidad a los triángulos yuxtapuestos y la infraposición a los motivos de manos silueteadas nos induce a romper con el sistema cronológico del investigador francés. Proponemos para esta figura una coetaneidad cronológica con los triángulos grabados a su lado que presentan abundantes paralelos en los primeros estadios de las manifestaciones rupestres superopaleolíticas. Sirvan como muestra los triángulos incisos en un bloque calizo de la Ferrassie (Savignac de Miremont, Dordoña) descubierto en 1911 por D. Peyrony (1934) encuadrable en el Auriñaciense Medio, o el bloque de caliza encontrado también en el nivel del Auriñaciense Medio del abrigo de Blanchard (Sergeac, Dordoña) (Didón, 1911). Todo ello nos lleva a proponer una cronología encuadrable en el Auriñaciense Medio-Final para estas las figuras grabadas del panel III de la Sala de las Pinturas.

La figura meandriforme en ocre rojo que se localiza en el panel V del Corredor de la Serpiente, aparece claramente infrapuesta a una serie de manos en negativo. Ello indica que su ejecución debe ser anterior, aunque tampoco se puede descartar una elaboración prácticamente coetánea a la de las manos (primero se trazaría la figura meandriforme y en un momento inmediatamente posterior las manos en negativo). Ante la incapacidad para conseguir un encuadre cronológico más preciso optamos por encajar esta figura en un estadio intermedio (Auriñaciense Final) entre las figuras grabadas en el panel III y las manos en negativo repartidas por toda la cavidad. Descartamos de este modo la atribución cronológica al Magdaleniense Medio que otorgan F. Jordá y J.L. Sanchidrián a ésta figura (Jordá y Sanchidrián, 1992: 16).

2º Etapa:

Está formada por el conjunto de manos en negativo distribuido en los diferentes paneles de la cueva, cuyas características técnicas y estilísticas nos hacen pensar en un mismo período cronológico más o menos dilatado en el tiempo para todas las representaciones.

A pesar de que A. Leroi- Gourhan ha argumentado la aparición de este tipo de representaciones en contextos de su estilo IV, -como Font de Gaume o Combarelles- o que en la cueva de Altamira[1] las manos en negativo están superpuestas

---

[1]

Con dataciones de 13.570+/-190 B.P. (GIF A 91 178) correspondiente al pequeño bisonte silueteado en negro en la zona central del techo próximo a la cabeza del gran bisonte estático bícromo o las de 13.940 +/-170 B.P. (GIF A 91 179) y 14.330 +/-190 B.P. (GIF A 91 181) de dos de los bisontes polícromos.

a los denominados caballos chinos y por tanto también a las figuras bícromas, con lo que las manos quedarían atribuidas cronológicamente al Magdaleniense Superior, las nuevas dataciones radiocarbónicas obtenidas de forma directa sobre una de las manos en negativo de la Gruta Cosquer (Marsella) o de las esquirlas de huesos localizadas por Clottes en una grieta muy próxima a una de las manos de la cueva de Gargas (Aventignan, Hautes-Pyrénées), revitalizan la opinión de H. Breuil que atribuía estas representaciones a los períodos más antiguos del desarrollo del arte parietal, basándose en la simplicidad técnica del motivo y el paralelo con una mano en negativa sobre un bloque de caliza hallado en el nivel gravetiense del Abri Labattut.

En esta línea, las dataciones obtenidas directamente en la Gruta Cosquer -de 27.110+/-390 B.P. (GIF A 92 409) y de 27.110+/-350 B.P. (GIF A 92 491)- o las de las esquirlas óseas de la cueva de Gargas -de 26.860+/-460 B.P. (GIF A 92 369)- nos remiten a un horizonte cultural gravetiense en consonancia con las propuestas cronológicas de H. Breuil.

En España, la Cueva de la Fuente del Salín (Muñorrodero, Cantabria), contiene en su interior únicamente representaciones de manos en negativo y positivo, además de un yacimiento con un solo nivel arqueológico. Dado que la cueva es un sistema de grandes dimensiones cuya entrada actual, a través de una surgencia, permanece habitualmente sifonada (Moure, González y González, 1984: 14), hemos de considerar que nos encontramos ante un conjunto cerrado. Por tanto la datación obtenida de un hogar localizado en su interior, 22.340+/-510/480 B.P. (GrN 18.574), puede aplicarse también al conjunto de manos representadas sobre sus paredes.

A la vista de estas dataciones, optamos por encuadrar cronológicamente el conjunto de manos silueteadas en negativo de la cueva de Maltravieso en un horizonte cultural gravetiense, aún siendo conscientes de la falta de dataciones absolutas en la cueva cacereña y de la existencia, por el momento, de algún yacimiento arqueológico próximo que pueda aportar materiales de este período finipleistocénico

3ª Etapa:

En la tercera y última etapa tienen cabida las representaciones zoomorfas pintadas y grabadas de los paneles XIII, XIV, XXVII, XXVIII; así como los triángulos en rojo del panel XXII de la Sala de las Pinturas y las alineaciones de puntos en negro.

En el panel XXII las tres figuras con forma de triángulo pintadas en color rojo aparecen superpuestas al halo de algunas de las manos en negativo existentes en este panel. Así mismo series de puntuaciones en negro están claramente superpuestas a las siluetas de manos en varios paneles de la cavidad. Con estos datos tan solo podíamos definir en la secuencia de superposiciones la posterioridad de estas figuras con respecto a la fecha de ejecución de las manos que constituyen la segunda etapa de la diacronía. No obstante, la casualidad hizo que advirtiésemos un detalle que podría

arrojar algo de luz sobre la cronología de estas representaciones.

De las series de puntuaciones negras (Fig. 38) fueron tomadas dos muestras que se enviaron al laboratorio Beta Analytic INC de Miami (Florida). Tras realizar los análisis pertinentes nos informaron que no podían efectuar una datación ya que la muestra se trataba de manganeso. Conocida la materia en la que se habían confeccionado las puntuaciones, también se pudo observar que estas series de figuras no respondían al espectro lumínico de la película infrarroja. Esta circunstancia nos llevó a considerar la posibilidad de que el bóvido pintado en negro del panel XXVIII de la sala de las columnas, que tampoco respondía al espectro lumínico de la película de infrarrojos, tuviera el mismo tipo de pigmento que los puntos y por tanto cabría considerar la posibilidad de la coetaneidad de la figura del bóvido (Fig. 35) y de las series de puntos en negro. Cronológicamente el bóvido (a falta de otros sistemas de datación más fiables recurriremos a la secuencia estilística de A. Leroi-Gourhan), podría ser encuadrado en el estilo III-IV, habida cuenta de las características morfológicas, como las líneas cérvico dorsales muy marcadas, cabezas muy alargadas o la ausencia de detalles anatómicos en las extremidades inferiores, al igual que el resto de las figuras zoomorfas pintadas y grabadas de los paneles XIII y XIV de la Sala de las Chimeneas y del panel XXVII de la Sala de las Columnas. Estas características nos remiten también al conjunto de zoomorfos grabados de la cueva de la Mina de Ibor (Castañar de Ibor, Cáceres) (Ripoll y Collado, 1996: 383-399),(Fig. 8) en donde, además de los elementos morfológicos ya definidos para los animales de la cueva de Maltravieso y que se repiten en los de la pequeña cueva de la comarca de los Ibores, podemos observar que en la ejecución del pequeño ciervo número 7 (Fig. 16) se ha empleado un único trazo que define toda la parte anterior de la figura, desde la cuerna hasta el pecho, pasando por la cabeza. Esta convención estilística se repite en figuras de clara adscripción a momentos iniciales del Magdaleniense, como puede contemplarse en los cápridos de la zona de las Canteras dentro del conjunto de grabados paleolíticos de Domingo García en Segovia (Ripoll y Municio, 1992:107-138).

Por todo ello sería factible considerar que, tras un largo paréntesis de abandono desde los autores gravetienses de las manos en negativo, la cueva vuelve a ser ocupada durante un margen cronológico que abarca aproximadamente entre el Solutrense Final y el Magdaleniense Inicial.

Esta tercera fase pone fin a las evidencias de ocupaciones paleolíticas en las cuevas de Extremadura. En todos los casos los restos localizados han sido de carácter artístico. Como resumen, y a falta de posibles nuevos datos, que no dudamos saldrán a la luz con los próximos proyectos previstos en el calerizo cacereño, la ocupación finipleistocénica de las cuevas en Extremadura comenzaría en el Auriñaciense Medio-Final, prolongándose durante el Gravetiense para finalizar, tras un largo lapso de tiempo, entre el Solutrense Final y el Magdaleniense Inicial.

9.2- Neolítico

El repaso de la bibliografía existente sobre el Neolítico en Extremadura es una buena prueba de la escasez de estudios que sobre este período se han llevado a cabo en ésta región. Un buen ejemplo de ello es que un trabajo recopilatorio como el coordinado por Dª Pilar López tan sólo dedica una página a este tema (Piñón y Bueno, 1988: 222).Este desolador panorama es consecuencia de la escasez de yacimientos pertenecientes a este período histórico, debida, en primer lugar, a la falta de prospecciones y excavaciones y, en segundo lugar, a la incorrecta atribución cronológica de algunos materiales de filiación neolítica, que fueron emparentados con producciones meseteñas de la Edad del Bronce. Estos errores, atribuibles al enmascaramiento del material neolítico con otros de etapas posteriores al encontrarse profundamente revueltos desde antiguo los estratos y, por lo tanto, hallarse los materiales mezclados, como sucedió en la cueva del Boquique en Plasencia (Rivero, 1972-73: 101-130) o en la cueva del Conejar en Cáceres (Sauceda, 1984: 47-58), han dificultado en gran medida la identificación de los yacimientos neolíticos extremeños.

Ha sido a partir de la afortunada excavación del Cerro de la Horca (Plasenzuela, Cáceres) y del acierto de D. Juan Javier Enríquez a la hora de paralelizar los materiales de la Cueva de la Charneca (Oliva de Mérida, Badajoz) con las cuevas y los conjuntos neolíticos andaluces, cuando el panorama ha empezado a cambiar. Poco a poco las prospecciones han permitido descubrir nuevos yacimientos y se ha producido un incremento de los estudios y de las revisiones de antiguas excavaciones. Especialmente interesantes nos parecen los resultados de una tesis de licenciatura defendida recientemente por D. Enrique Cerrillo en la que se revisaban los conjuntos muebles del yacimiento de los Barruecos (Malpartida de Cáceres) y de la cueva del Conejar (Cáceres).

Las evidencias arqueológicas documentadas en el estudio de las cavidades de Extremadura, unidas al resto de los yacimientos y hallazgos aislados recogidos en la región, cuyo estudio de conjunto ha sido realizado por uno de los autores de este libro (Collado, 2000: en prensa), apuntan a que el desarrollo del neolítico extremeño se produce durante su etapa final. No obstante, a lo largo de esta secuencia cultural podemos definir tres segmentos:

1.- Neolítico A:

Englobaría únicamente los materiales de la cueva de Maltravieso y los de la cueva del CIMOV 1, así como las representaciones rupestres esquemáticas asociadas a los mismos. Como vimos anteriormente, tanto las tipologías de las piezas que fueron localizadas recientemente en la cueva CIMOV 1 y las halladas en Maltravieso en los primeros momentos de su aparición en 1951, como las decoraciones que se desarrollan sobre estas cerámicas, presentan claros paralelos con el Neolítico Final Andaluz, aunque con esquemas decorativos más propios del Neolítico Medio de

esta comunidad[2] y del Neolítico Medio portugués, con paralelos suficientemente representados en el estuario del Tajo[3], o con el cada vez mejor conocido neolítico meseteño, que presenta la técnica de la incisión, en yacimientos como el Alto del Quemado (López-Plaza, 1987: 52-65), la Vaquera o el Aire (Antona, 1986: 9-45; Municio, 1988: 299-327).

Fechas absolutas como el 4430 +/- 150 a.C. del Neolítico Final de Santiago de Cazalla o los 3970 +/- 160 a. C. de la Dehesilla, nos parecen demasiado elevadas para ser aplicadas al primer segmento del neolítico extremeño, y aunque no las descartamos nos parecen más razonables fechas más bajas como las de la Cueva de Nerja 3115+/-40 a.C., o Lapa dos Namorados 5460+/-110 B.P. (ICEN-735).

Nos encontramos pues con un primer momento del Neolítico Final, no muy definido aún, que podría desarrollarse durante todo el cuarto milenio (Martín de la Cruz, 1990: 29), siendo su último tercio el período en donde creemos podría establecerse la implantación de los primeros grupos neolíticos en nuestra región.

2.- Neolítico B:

Supone el desarrollo del Neolítico en nuestra región. Un horizonte que queda definido, en primer lugar, por la presencia de cerámicas decoradas con motivos incisos, impresos, punto raya, aplicaciones plásticas y pintura a la almagra, además de elementos pulimentados y microlíticos, vinculado tanto con la Alta Andalucía (Arribas y Molina, 1980: 7-34), como con el Occidente portugués (Guillaine y Veiga, 1970: 304). Ha sido documentado en cuevas (Conejar, El Agua, Los Caballos), abrigos (Charneca, Boquique) y en poblados al aire libre (Cerro de la Horca, Barruecos).

El panorama de este segundo segmento del neolítico extremeño se completa con la extensión de los grupos caracterizados por la presencia mayoritaria de cerámicas lisas, entre las cuales el elemento más destacado numéricamente es la cazuela carenada, bien conocidas y documentadas en todo el suroeste peninsular. Estos grupos, asimilados por algunos investigadores con los constructores de megalitos (González y otros, 1988: 99-100), posibilidad que otros rechazan (Enríquez, 1996: 691-692), presentan una vocación claramente agrícola, con poblados vinculados a terrenos llanos, sin defensas naturales situados junto a cursos de agua y con alta capacidad agrícola (Enríquez, 1996: 691).

---

[2]

Cueva de la Mora, Cuevas de Santiago de Cazalla, Cueva de Guadalijar en Jaén, Carigüela, Cueva de la Mujer, Majolicas, Cueva de Nerja, (Navarrete, 1976: 109-118; Pellicer, 1995: 94; Pérez, 1996: 647-654).

[3]

Da Vega Ferreira, 1974), Cova Fourninha (Nery, 1984) o Gruta das Pulgas (Gallay y Splinder, 1972), macizo calcáreo extremeño (Zilhao y Faustino, 1996: 664-665) o yacimientos como Cova dos Guerreiros en Vila Verde de Ficalho (Monge, 1994) o la Covas de Sobral da Adiça (Fragoso, 1942).

Esta base económica claramente agrícola ha servido de apoyo para diferenciarlos de los grupos de la cerámica decorada, los cuales fueron asociados a economías de carácter ganadero al aparecer sus yacimientos en terrenos con escasa capacidad agrícola y más adecuados para la cría de animales domésticos. Nosotros discrepamos de esta separación, para optar por una postura más ecléctica No nos inclinamos por una separación radical entre los grupos de cerámica decorada, herederos de una tradición anterior que hunde sus raíces en el Neolítico Medio, y que ya se hallaba presente en Extremadura en la Cueva de Maltravieso y en la cueva del CIMOV-1, con respecto a los grupos de cerámicas lisas, que parecen extenderse en este momento por tierras de Extremadura como puede demostrar el gran número de yacimientos que se documentan. Preferimos abogar por una coexistencia entre ambos grupos, pues, aunque es evidente una mayor vocación agraria para el horizonte de cerámicas lisas, ésta tampoco se puede descartar, como hemos visto con anterioridad, en yacimientos como el Conejar, Los Barruecos o el Cerro de la Horca. A las coincidencias en las características económicas de ambos grupos, hay que unir también algunas coincidencias en la tipología de yacimientos. Así, el Cerro de la Horca, perteneciente al horizonte de la cerámica decorada, presenta grandes similitudes con el yacimiento de los Castillejos 2, asimilable con el horizonte de cazuelas carenadas. Ambos se localizan en la base de un cerro, próximos a un curso estable de agua y con un entorno apto para la explotación agrícola. Similar razonamiento podría establecerse para los yacimientos de la Alcazaba de Badajoz (Valdés, 1980) y el Cerro del Castillejo, o el Cerro de la Encina (Jiménez y Muñoz, 1989-90) y el Cerro del Soldado (González, 1996: 700). A ello hay que unir además la posibilidad de la existencia de contactos entre ambos grupos como así parecen atestiguarlo la presencia, aunque en proporciones muy bajas, de cazuelas carenadas en yacimientos propios del grupo de cerámicas decoradas, como sucede en el Cerro de la Horca, o de cerámicas decoradas en yacimientos propios del horizonte de cazuelas carenadas, como sucede en Araya o en el Cerro de la Encina.

Las dataciones de Lapa do Fumo 3090+/-160 a.C. y Papa Uvas II, 2890+/-120 a.C. (Martín, 1994: 174), con los que se pueden establecer paralelos en los yacimientos extremeños, delimitan el marco cronológico en que se desenvuelve esta segunda etapa del neolítico de ésta Comunidad.

3.- Neolítico C:

Aunque la presencia de este segmento ya no es detectable en las cuevas extremeñas, objetivo principal de este libro, nos ha parecido conveniente su inclusión para dar una visión lo más completa posible de la evolución diacrónica del neolítico en Extremadura. Este último período constituye la fase final de ésta etapa cultural en donde ya comienzan a detectarse elementos que indican la implantación gradual del Calcolítico. En este sentido la presencia de platos de borde almendrado, aunque en porcentajes mínimos, es claramente indicadora de que el cambio, aunque de manera muy gradual, está empezando a producirse. Sta. Engracia (Celestino,1989), La Madre del Agua (Jiménez y Muñoz, 1989-90) y Mérida

(Barrientos y otros, 1997), van a marcar una etapa caracterizada aún por los porcentajes mayoritarios de elementos propios de etapas anteriores como son las cazuelas carenadas y por el mantenimiento de estructuras económicas y poblacionales que hasta ese momento habían definido el neolítico en la región. El avance de esta etapa, bien documentada en poblados como El Lobo (Molina, 1980), La Vigaría (Jiménez y Muñoz, 1989-90) y Los Castillejos 1 (Fernández y otros, 1988), en la provincia de Badajoz, o La Pepa y el Cerro de la Horca 2 (González, 1996) en la de Cáceres, supondrá la inversión progresiva en los porcentajes de las tipologías cerámicas más características .El plato de borde engrosado pasará en estos yacimientos a ser porcentualmente dominante con respecto a las cazuelas carenadas y a las cerámicas decoradas que terminarán desapareciendo con la implantación plena de la edad del Cobre. La reestructuración económica y la reorganización del territorio, también se dejarán sentir en la vieja e inoperante estructura poblacional neolítica. Es en este momento cuando se abandonan los poblados en llano como la Madre del Agua, Los Castillejos 2 o el Cerro de La Horca 1 para ocupar posiciones estratégicas en altura como Puerto Plata (Jiménez Y Muñoz, 1989-90), Castillejos 1 o Cerro de la Horca 2 respectivamente, en un intento por controlar las vías de comunicación o los afloramientos de mineral.

La fecha de 2520+/-70 a.C. correspondiente al Calcolítico Pleno de Papa Uvas IV (Martín, 1994: 174), marca el final de esta etapa de transición.

9.3.- Las manifestaciones rupestres esquemáticas en las cuevas de Extremadura y su relación con los contextos neolíticos extremeños.

La existencia de una serie de manifestaciones gráficas de carácter esquemático que a continuación vamos a describir, en algunas de las cuevas que hemos documentado, nos hace plantearnos la posibilidad de relacionarlas con los objetos muebles encontrados en sus inmediaciones. Ello nos permitiría plantear la posibilidad de una conexión entre estas primeras representaciones, que consideramos como neolíticas, y el posterior desarrollo de la pintura rupestre esquemática a lo largo del Calcolítico y la Edad del Bronce.

1.1.- Cueva de Maltravieso:

Dentro del conjunto de representaciones de esta cueva (Collado y Fernández, 1998:207-210) y manteniendo las debidas reservas, ya que los criterios aquí expuestos se basan en la constatación de superposiciones y en análisis de los elementos técnicos y estilísticos de las pinturas, proponemos aquí una cronología postpaleolítica para los motivos pintados superpuestos a la cabeza de équido del panel XIV de la sala de las Chimeneas.

Sobre la cabeza del caballo citado con anterioridad, realizada en color ocre rojo (HUE10R 4/6), se superpone un motivo geométrico compuesto por siete trazos de forma semicircular

(Fig. 39). Por debajo se sitúan dos grupos de barras, compuestos por siete y dos trazos respectivamente, de unos 11 cm de longitud media y 1 cm de anchura. La superposición sobre la cabeza del caballo de cronología cuaternaria, el color parduzco de las representaciones (HUE10R 4/3), empleado únicamente con estos motivos, el tipo de trazo baboso e irregular con el que han sido ejecutadas y la inexistencia de paralelos claros en el conjunto figurativo paleolítico, nos invita a pensar que este grupo de representaciones pudiera encuadrarse en una cronología postpaleolítica posiblemente paralela a los momentos neolíticos en los que la cueva fue usada como recinto funerario. La cercanía de las evidencias de fuego en la misma sala donde aparecen las pinturas constituye un argumento más a favor del carácter necrolático que es posible atribuir a este conjunto pictórico.

1.2.- Cueva de Sta. Ana (CIMOV 1):

El lugar elegido para ejecutar los grabados se sitúa justo en una zona de tránsito empleada para, por una parte, acceder al piso superior de la cavidad , o para adentrarse en una serie de galerías que van a desembocar a una zona actualmente inundada .La orientación de la galería es de 80° Este, encontrándose los motivos ejecutados sobre una colada de color grisáceo que se torna anaranjada hacia el fondo del corredor. La superficie ocupada por los grabados se encuentra a una altura de 1,20 m. desde el nivel del suelo, extendiéndose por un área de 1,70 m de altura entre paralelas por 36 cm de anchura máxima. Su orientación es de 350°. Técnicamente se trata de un grabado lineal fino, de sección en "U", muy seguro y sin líneas de fuga.

Sus autores realizaron una amplia serie de trazos agrupados en varios conjuntos o haces con tendencia subvertical. Estos trazos configuran un panel de claro estilo esquemático en el que no hemos podido distinguir ningún tipo de figura humana o animal (Fig. 52).

Este tipo de representaciones han sido bien documentadas en varias cavidades de la comunidad castellano leonesa , bien sistematizadas por Luciano Municio y Fernando Piñón (Munico y Piñón, 1986-7) o Juan A. Gómez Barrera (Gómez, 1992), que atribuyen a este tipo de grabados un carácter señalizador y funerario. Los tres autores, basándose en la tipología del material recogido en las diversas excavaciones y prospecciones llevadas a cabo en las cavidades seleccionadas, abogan por un amplio margen cronológico a la hora de encuadrar cronológica y culturalmente estas manifestaciones artísticas que, según ellos, comenzarían en el Neolítico para finalizar con las últimas etapas de la edad del Bronce.

1.3.- Cueva del Agua:

Los grabados de esta cueva, descritos con anterioridad, serían posteriores a las manifestaciones de Maltravieso y CIMOV 1, pero presentan características técnicas y funcionales similares. Por tanto es factible considerar a esta cueva como el elemento de enlace entre las representaciones más antiguas (de las que conservan sus mismas peculiaridades técnicas -grabado- y funcionalidad -funeraria-) con las pinturas esquemáticas relacionadas con la fase del Neolítico B de Extremadura, ya sea en contextos de habitación (Barruecos) o funerarios (Charneca)[4].

Se podría decir que las pinturas y grabados esquemáticos localizados en las cuevas de Maltravieso y CIMOV 1 muestran la existencia en nuestra región de una tradición pictórica previa. Teniendo en cuenta el propio desarrollo del Neolítico en Extremadura y las influencias llegadas desde Andalucía, la fachada atlántica portuguesa y la Meseta Central española, junto con la extensión del megalitismo y su código de manifestaciones rupestres asociadas a los monumentos, se pueden identificar evidencias culturales que conforman el germen sobre el que se desarrollará el importante foco de pintura y grabado rupestre esquemático de Extremadura, primero tímidamente durante las fases B y C del Neolítico extremeño -bien en cuevas como la del Agua, o en abrigos como los de la Charneca o los Barruecos-(Anexo 1) y alcanzando su plenitud y su máxima extensión durante el Calcolítico y la Edad del Bronce, para llegar a su final con la introducción de la metalurgia del hierro y las primeras influencias de los pueblos del Mediterráneo Oriental.

9.4 - Calcolítico, Bronce y Edad del Hierro.

Los materiales aparecidos correspondientes a estas tres etapas son muy escasos y en todos los casos tan sólo nos indicarían ocupaciones esporádicas de las cuevas y con carácter casual o de muy corta duración.

Al Calcolítico tan sólo podríamos atribuir, con muchas reservas, una placa rectangular con perforaciones aparecida en la sala B de la cueva de Maltravieso (Almagro, 1960: 4).

Tras un largo abandono, la punta de lanza con enmangue tubular de bronce (Almagro, 1960: 7), aparecida durante las obras de preparación de un camino que permitiera mayor comodidad para los visitantes en el tránsito por la cueva, indicaría que durante algún momento del Bronce Final Maltravieso fue visitada por algunas personas que dejaron allí este objeto, sin que se pueda establecer de ninguna forma si el depósito pudo tener algún tipo de contenido ritual o fue simplemente un abandono u olvido de la lanza.

La última fase de la prehistoria extremeña tan sólo ha dejado restos en la cueva del Conejar. Se trata de dos fragmentos cerámicos a torno con decoración estampillada atribuibles sin ningún género de dudas a la Segunda Edad del Hierro (Sauceda, 1984: 54)

4

Por ser elementos que se alejan del tema básico de nuestro estudio sobre cuevas, hemos preferidos dar más detalles sobre los mismos en el anexo I

9.5 .- Romanización.

Algunos materiales recogidos en la cueva del CIMOV 1 son vasijas a torno y grandes fragmentos cerámicos pertenecientes a dolias de almacenaje de clara atribución a época romana. Su aparición en la cueva hay que explicarla en relación con la cercanía de la cueva a la vía de la Plata y de varios yacimientos rurales romanos, que posiblemente complementaran sus dependencias de almacenaje con el uso de esta cueva, en donde se reúnen inmejorables condiciones de humedad y temperatura para favorecer y desarrollar los procesos de fermentación del vino, bebida a la que estarían destinadas casi con toda seguridad las grandes dolias que han sido encontradas en el interior de la cavidad.

	PALEOLÍTICO	NEOLÍTICO	CALCOLÍTICO	BRONCE	HIERRO	ROMA
MALTRAVIESO	▨	▨	▨	▨		
MINA DE IBOR	▨					
CIMOV 1		▨				▨
CONEJAR					▨	
CUEVA DEL AGUA		▨				
CUEVA DEL CABALLO		▨				

> **DIAGRAMA DE OCUPACIÓN DE LAS CUEVAS DE EXTREMADURA**

ANEXO I

Encontramos pinturas en una serie de abrigos localizados en lugares de escaso o nulo interés estratégico. Aparecen generalmente sobre granito aunque no faltan los que aprovechan las cuarcitas como soporte. Los motivos pictóricos que han sido localizados en estos abrigos aprovechan siempre pequeñas oquedades o cuarteamientos rocosos de escasa superficie. Como tónica general, las agrupaciones están formadas por un número no muy elevado de figuras, entre quince o veinte como máximo, que aparecen dispuestas por todo el abrigo, sin ninguna preferencia aparente. Los estudios porcentuales efectuados sobre las diferentes tipologías de figuras presentes en esta clase de yacimientos, indican que son las formas más esquemáticas las que más se repiten, especialmente barras y puntos, a las que siguen soliformes, serpentiformes , zig-zag, tectiformes, petroglifos, etc. Las figuras humanas y animales aparecen en un porcentaje mucho menor, aunque siempre en la misma proporción. Así mismo se ha podido comprobar que el trazo grueso es sistemáticamente empleado en la realización de los grafemas, cuyo tamaño, bastante regular, oscila en la mayor parte de los casos entre los 10 y 20 cm., sin que se adviertan grandes diferencias de tamaño entre los motivos de un mismo panel. Hay que hacer notar también que el color empleado en todas las ocasiones responde a tonos anaranjados o rojos anaranjados que la mayor parte de las veces se nos muestran muy desvaídos.

La inexistencia de cualquier intento para establecer criterios diferenciadores entre los paneles e incluso entre las propias figuras que los componen, habida cuenta de la homogeneidad de tamaños, formas y colores patente entre los grafemas que se localizan en estas estaciones, nos remite a sociedades de corte igualitario y comunal. En apoyo de esta tesis hay que apuntar además la cercana presencia (ya comentada) de poblados en torno a estos abrigos. La excavación de los mismos ha permitido constatar una ocupación inicial desde momentos de transición entre el IV y el III milenio y que se prolonga a todo lo largo del III milenio. Llegados a este punto se nos podría reprochar algo que es evidente: es imposible demostrar que fueron los pobladores de estos yacimientos los autores físicos de las pinturas que aparecen en los abrigos de su entorno. Esto es cierto, por tanto recurriremos a buscar evidencias que nos permitan apoyar la tesis de que fueron las gentes de este período (transición entre el IV-III milenio a.C.) las encargadas de realizar las pinturas.

La primera evidencia que mostramos es un motivo muy singular localizado en el abrigo de la Charneca Chica (Oliva de Mérida, Badajoz). La Charneca Chica es un espacioso covacho localizado a media ladera en la sierra del Conde. Oculta por la espesura del monte y la masa rocosa, su único acceso posible se realiza a través de un estrecho pasillo que termina a escasos metros en una acusada pendiente, lo que obliga a todo aquél que pretenda alcanzar el abrigo a trepar hasta las cotas superiores de la sierra del Conde y desde allí descender hasta la estación pictórica. Frente a la referida cueva se abre otra bastante más espaciosa conocida como la "Cueva de la Charneca". La existencia de restos cerámicos en superficie dio lugar a que D. Juan Javier Enríquez Navascués acometiera la realización de excavaciones arqueológicas en ambos espacios (Enríquez, 1986: 9-24). En la Charneca Chica se realizó un sondeo con resultados negativos. Sin embargo, en los realizados en la cueva mayor consiguió, además de una serie de hallazgos materiales que comentaremos a continuación, la constatación de que este espacio había tenido un uso funerario.

Los materiales encontrados en la cueva mayor, cerámicas lisas y decoradas, material lítico, un ídolo pintado sobre hueso largo y un fragmento de ídolo placa decorado presentan formas rasteables en el Neolítico andaluz y portugués, que permiten fechar el yacimiento en la transición del IV al III milenio a.C. (Collado et alii, 1997: 149).

El motivo al que nos referíamos con anterioridad, representado en repetidamente en los grupos I y II del abrigo, puede ser considerado fuera de toda duda como un ídolo-placa antropomorfizado de tipo A, una representación de carácter funerario que hace entrar a las pinturas rupestre en conexión directa con el yacimiento, también de carácter funerario, localizado en la cueva de la Charneca. Además, y para terminar de reafirmar esta postura, hay que dejar constancia que este tipo de piezas cuentan con paralelos cercanos perfectamente fechados mediante la aplicación de C14. Sirvan como ejemplo los ídolos-placa del tipo que nos ocupa que fueron localizados en el "Anta da Bola da Cera" (Marvao) y cuya cronología absoluta C14 calibrada está fijada en 3100-2900 a.C. (Gonçalves, 1989:296).

La segunda evidencia que utilizaremos para apoyar nuestra hipótesis de que esta primera etapa pictórica puede encuadrarse en el marco cronológico que venimos exponiendo (transición IV-III milenio a.C.), la encontramos en la relación que se puede establecer entre el mundo funerario megalítico y la pintura rupestre esquemática de esta primera etapa. Esta relación se puede establecer desde dos puntos de vista. En primer lugar, por la existencia de

motivos pintados, como los ídolo-placa que hemos visto con anterioridad, cuyos paralelos más inmediatos se encuentran en los ajuares que acompañan a las deposiciones en los sepulcros megalíticos. De hecho, en el caso de este abrigo pacense, es obvia la relación con el mundo funerario es pues la Charneca Chica es una de las pocas estaciones con pintura rupestre esquemática asociada a un yacimiento arqueológico (la cueva de la Charneca) de carácter funerario y con materiales de cronología neolítica. Ambos espacios, aunque están separados por un estrecho corredor, forman un todo unitario en el cual las dos cuevas presentan condiciones similares para realizar los enterramientos, aunque para esta función se eligió la cueva de la Charneca. De igual manera, las dos estaciones ofrecen superficies apropiadas para acoger representaciones pictóricas y en este caso, los encargados de pintarlas eligieron únicamente el abrigo de la Charneca Chica. Asistimos a una clara intencionalidad de separar espacios otorgándoles una funcionalidad concreta en cada caso: en la cueva de la Charneca Chica se dispusieron las representaciones pictóricas y la Cueva de la Charneca fue el lugar elegido para realizar los enterramientos. Así pues, podríamos considerar la Charneca Chica, lugar elegido para ubicar las pinturas y arqueológicamente estéril, como una especie de recinto sacro destinado a la realización de rituales funerarios previos o posteriores a la inhumación definitiva del cadáver en la Cueva de la Charneca.

En segundo lugar, por los claros paralelos tipológicos que existen entre las figuras que aparecen decorando los diversos ortostatos de algunos sepulcros megalíticos y los motivos pintados sobre los abrigos que ahora nos ocupan. Antropomorfos, soliformes, cuadrúpedos, petroglifos, etc. constituyen un corpus figurativo que en los dólmenes es usado como un código funerario que se plasma sobre los ortostatos en el momento en que se construye el monumento. No se trata de elementos casuales o aleatorios, sino que la repetición tanto de asociaciones temáticas, como de su ubicación dentro del monumento, nos habla de un lenguaje funerario concebido en el monumento y por tanto con sus mismas fechas (Bueno y de Balbín, 1997:153-154).

La pintura rupestre esquemática que aparece en los abrigos, donde se repiten asociaciones y temas similares, creemos que no debe separarse mucho en el tiempo de las representaciones que se localizan en los megalitos, aunque, evidentemente, la funcionalidad de unas y otras en nada puedan relacionarse. Las pinturas y grabados de los dólmenes responden a un código funerario que define los espacios dentro del sepulcro y es reflejo de personajes destacados, de escenas alusivas al paso del hombre por la vida o representación de dioses o genios protectores (Bueno y de Balbín, 1997: 160). La pintura rupestre esquemática de nuestros abrigos, a tenor de su representación en lugares de acceso difícil, del ambiente de recogimiento que se respira en ellos y a la temática representada, de carácter preferentemente simbólico, nos introduce de lleno en una órbita más difícil de interpretar relacionada con sus conceptos mentales, creencias trascendentes, aspiraciones u obsesiones. Un intento por parte de sus autores de comunicar a través de sus pinturas todo su mundo conceptual simbólico y ritual, una carga simbólica y ritual que creemos, irá perdiendo en gran medida con la llegada la Edad del Cobre y sobre todo durante la Edad del Bronce, principalmente en sus fases finales, cuando la pintura rupestre esquemática, aún sin negar que en algunos casos puntuales aún mantenga ciertos rasgos de sacralidad, pasa a tener un carácter y una funcionalidad mucho más narrativa y mundana, en donde a modo de código de comunicación es empleada para establecer marcas de control sobre las rutas de comunicación, los territorios o las zonas de alta potencialidad agrícola o minera.

BIBLIOGRAFÍA

AIZPURÚA y OTROS (1982): "Introducción a los yacimientos de fosfato del Macizo Ibérico Meridional". *Boletín Geológico y Minero*, 93 (5), p. 390-141.

ACOSTA, P. (1995): "Las culturas del neolítico y calcolítico en Andalucía Occidental". *Espacio, Tiempo y Forma*, serie I, tomo 8, p. 33-80.

ALGABA, M.; FERNÁNDEZ, J.M.; COLLADO, H. (1999): "Viaje al centro de la tierra extremeña". *Caudal de Extremadura*, nº 12, p. 28-30

ARRIBAS, A. y MOLINA, F.A. (1980): "El poblado de los Castillejos de Montefrío (Granada)". *The origins of Metallurgy in Atlantic Europe*, Coloquio, V, p. 7-34

A.L.G. (1997): "Las cuevas de Fuentes de León". *Centaura. Boletín de información ambiental de Tentudía-Monesterio (Badajoz)*, p.

ALMAGRO, M. (1958): *Las pinturas rupestres cuaternarias de la cueva de Maltravieso*. Instituto Español de Prehistoria del C.S.I.C. Diputación Provincial de Cáceres, 63 págs.

- (1960): "Las pinturas rupestres cuaternarias de la Cueva de Maltravieso en Cáceres". *Revista de Archivos, Bibliotecas y Museos*. t. LXVIII, 2, p. 665-707.

AYALA, F. J. ET ALII (1986): Memoria del mapa del karst de España. Instituto Geológico y Minero de España, Madrid.

BARRIENTOS, T. y otros, (1997): "Nuevos hallazgos prehistóricos en el casco urbano de Mérida". *Mérida. Excavaciones Arqueológicas*, nº 3, p. 265-299.

BELTRÁN, A. (1967): "Informaciones y novedades sobre arte rupestre". *Caesaraugusta*, 29-30, p. 184-185.

BENITO BOXOYO, S. (1796): *Historia de Cáceres y su Patrona*. Biblioteca Extremeña. Publicaciones de Falange Española y de las JONS. Cáceres, 1952 (trascripción del manuscrito original).

BREUIL, H. (1960): "Decouverte d'une grotte ornée páleolithique dans la province de Cáceres (nord-ouest de l'Espagne)". *Bulletin de la Société Préhistorique Française*, LVII, París

CALLEJO, C. (1957): "Las cuevas del Calerizo de Cáceres". *Actas del V Congreso de Estudios Extremeños*, Badajoz, t. III, p. 57 y ss.

- (1958): *La Cueva Prehistórica de Maltravieso junto a Cáceres*. Publicaciones de la Biblioteca Pública de Cáceres. Cáceres, 45 págs.

- (1962): "El complejo prehistórico de Maltravieso". *Un lustro de investigación arqueológica de la Alta Extremadura. Revista de Estudios Extremeños*, vol. XVIII, p. 8-12

- (1970): "Catálogo de las pinturas de la Cueva de Maltravieso". *XI Congreso Nacional de Arqueología*. Mérida, 1968, Zaragoza, p. 154-174.

- (1977): "Las cuevas del calerizo de Cáceres". *Actas del Vº Congreso de Estudios Extremeños*, vol. VII, p.57-65

- (1980): "Los albores de la población cacereña". *Los orígenes de Cáceres*, p. 15-24.

- (1981): "El símbolo de la mano en las pinturas rupestres". *Coloquios Históricos de Extremadura*. Trujillo

CELESTINO, S.(1989): "El poblado calcolítico de Santa Engracia. Badajoz". *Revista de Estudios Extremeños*, vol. XLV, nº 2, p. 282-325

COLLADO, H. (1997): "Arte rupestre en Extremadura: investigación, conservación y puesta en valor". *Norba-Arte*, p. 7-25

COLLADO, H. y FERNÁNDEZ, M. (1998): "Arte rupestre en Extremadura: últimas investigaciones", *Actas do Coloquio "A Pré-Historia na Beira Interior"*, Tondela, p. 207-219.

COLLADO, H. y RIPOLL, S. (1996): "Una nueva estación paleolítica en Extremadura. Los grabados de la cueva de la Mina de Ibor (Castañar de Ibor, Cáceres)". *Revista de Estudios Extremeños*. Tomo LII, nº 2, p. 383-399.

FERNÁNDEZ CORRALES, J.M. y otros (1988): "Los poblados calcolítico y prerromano de "Los Castillejos" (Fuente de Cantos, Badajoz)". *Extremadura Arqueológica*, nº 1, p.69-88

DEL PAN, I. (1917): "Exploración de la cueva prehistórica del Conejar". *Boletín de la Sociedad Española de Historia Natural*, vol. 16, p. 185-191.

DURÁN VALSERO, J. J. Y RAMÍREZ TRILLO, F. (1997): *La cueva de Castañar. La cavidad más notable de Extremadura*. Subterránea nº 7.

ENCINAS, M.R. (1996): *Estudio de las rocas carbonatadas de la provincia de Cáceres y su interés técnico*. Servicio de publicaciones de la UEX, Cáceres, ... págs.

ENRÍQUEZ, J.J.(1990): *El Calcolítico o Edad del Cobre de la cuenca extremeña del Guadiana: los poblados*. Publicaciones del Museo Arqueológico Provincial de Badajoz, nº 2, Badajoz, 371 págs.

- (1996): "Vestigios neolíticos de la Cuenca Media del Guadiana". *Actas del I Congreso del Neolítico en la Península Ibérica*. Gavá-Bellaterra, vol. 2, p. 689-693.

ENRÍQUEZ, J.J. y GIJÓN, M.E.(1989): "Los materiales

prehistóricos de la necrópolis del Albarregas y el horizonte de las cazuelas carenadas de la transición del Neolítico-Calcolítico en la provincia de Badajoz". *Revista de Estudios Extremeños*, vol. LXV, n° 1, p. 81-95.

FERNÁNDEZ, J.M. y RODRÍGUEZ, A. (1989): "Campaña de urgencia en el poblado prerromano de "Los Castillejos" (Fuente de Cantos, Badajoz)". *Revista de Estudios Extremeños*, vol. LXV, n° 1, p. 97-121.

GÓMEZ AMELIA, D. (1978) "Aldea Moret, de poblado minero a suburbio cacereño". *Aula de Cultura de la C.A. y M.P. de Cáceres.*

GIL, J. y ENCINAS, M.R. (1992): "El calerizo de Cáceres". *Publicaciones del Museo de Geología*, n° 4, p.

GONZÁLEZ, A. (1996): "Asentamientos neolíticos de la Alta Extremadura". *Rubricatum,* n° 1, Actas del I Congreso del Neolítico en la Península Ibérica, p.697-705

GONZÁLEZ, A. y otros. (1988): "El poblado del Cerro de la Horca (Plasenzuela, Cáceres). Datos para la secuencia del Neolítico tardío y la edad del Cobre en la Alta Extremadura", *Trabajos de Prehistoria*, n° 45, p. 87-102

GUILLAINE, J. y VEIGA FERREIRA, O. (1970): "Le Neolithique ancien au Portugal". *B.S.P.E.* n° 67-1, p. 304-332

GURRÍA , J.L. y SANZ, Y. (1979): "Los fenómenos kársticos en los calerizos de Cáceres y Aliseda". *IV Coloquio de Geografía. Palma de Mallorca*, p.

IGME: Mapa Geológico de España, escala 1:50.000 (segunda serie Magna). Servicio de Publicaciones del Ministerio de Industria y Energía.
* Hoja n° 652: Jaraicejo.
* Hoja n° 653: Valdeverdeja.
* Hoja n° 681: Castañar de Ibor.
* Hoja n° 704: Cáceres.
* Hoja n° 726: El Pino.
* Hoja n° 853: Burguillos del Cerro.
* Hoja n° 877: Llerena.
* Hoja n° 897: Monesterio.
* Hoja n° 899: Guadalcanal.
* Hoja n° 919: Almadén de la Plata.

IGME (1987): Memoria del Mapa Geológico-Minero de Extremadura. consejería de Industria y energía. Dirección General de Industria, Energía y Minas de la Junta de Extremadura.

JIMÉNEZ, J. y MUÑOZ, D. (1989-90): "Aportaciones al conocimiento del Calcolítico de la cuenca media del Guadiana: la comarca de Zafra (Badajoz)": *Norba* n° 10, p. 11-39.

JORDÁ, F. (1970): "Sobre la edad de las pinturas de la cueva de Maltravieso (Cáceres)". *XI° Congreso Nacional de Arqueología. Mérida, 1968,* Zaragoza, p. 139-153

JORDÁ, F. y SANCHIDRIÁN, J.L. (1992): *La Cueva de Maltravieso.* Guías Arqueológicas, n° 2. Mérida, 21 págs.

JULLIVERT, M. Y OTROS (1972): "Mapa tectónico de la Península Ibérica y Baleares. E. 1:1000000. Memoria explicativa". *IGME (1974),* Madrid, 113 págs.

LÓPEZ, P. (Coordinadora) (1988): *El Neolítico en España.* Cátedra, Madrid. 428 págs.

LISO, F. J. (1981): Contribución al estudio mineralógico y técnico de las rocas carbonáticas de Badajoz (Tesis Doctoral). Ed. de la U. Complutense de Madrid.

MADOZ, P. (1848): *Diccionario Geográfico-Estadístico-Histórico de España y sus posesiones de Ultramar. Madrid.*

MARTÍN DE LA CRUZ, J.C. (1983-84): "Precisiones en torno a la cronología antigua de Papa Uvas, Aljaraque". *Clio Arqueológica*, n° 1.

- (1990): "El cambio cultural del Neolítico al Calcolítico". *El Calcolítico a debate.* p. 25-30

- (1994): *El tránsito del Neolítico al Calcolítico en el litoral del suroeste peninsular.*Excavaciones Arqueológicas en España, n° 169, Ministerio de Cultura, Madrid, 192 págs.

MÉLIDA, J.R. (1924): *Catalogo monumental de España. Provincia de Cáceres. 1914-1916.* Ministerio de Instrucción Pública y Bellas Artes. Madrid.

MOLINA, L. (1980): "El poblado del Bronce I del Lobo (Badajoz)", *Noticiario Arqueológico Hispánico*, n° 9, p. 93-126.

MOURE, A.; GONZÁLEZ, M.R. y GONZÁLEZ, C. (1984/85): "Las pinturas paleolíticas de la cueva de la Fuente del Salín (Muñorrodero, Cantabria). *Ars Praehistorica*, n° 3. P. 13-23

NAVARRETE, M.S.(1976): *La cultura de las cuevas con cerámica decorada en Andalucía Oriental.* Universidad de Granada, 2 vols. Granada.

PAREDES GUILLÉN, V. (1910): "Sobre las cuevas del Calerizo de Cáceres". *Revista de Extremadura*, vol. XI, p. 421

PELLICER, M. (1995): "Las culturas del neolítico-calcolítico en Andalucia Oriental".*Espacio, Tiempo y Forma*, serie I, tomo 8, p. 81-134

PERIÁNEZ, V. y MUÑOZ, P. (1998): "Monumento natural Mina 'La jayona'". *Publicaciones del Muséo de Geología de extremadura .* N°5 , Mérida (Badajoz).

PEYRONY, D.(1934): "La Ferrasie". *Préhistoire*, n° 3, pp. 1-92

PÉREZ, A. (1996): "Rastros de neolitización en la sierra de

Huelva". *Rubricatum*, n° 1, Actas del I Congreso del Neolítico en la Península Ibérica, p. 647-654.

PUIG Y LARRANZ, G. (1886): Cavernas y Simas de España. Madrid. Copia facsímil del Servicio de reproducción de Libros. Librerías "París-Valencia". Valencia. 1995.

RIPOLL, S. y otros. (1997): "Avance al estudio de la cueva de Maltravieso (Cáceres). El arte rupestre paleolítico de Extremadura". *Extremadura Arqueológica*, vol. VII, p. 95-117

RIPOLL, S. y COLLADO, H. (1996): "Una nueva estación paleolítica en Extremadura. Los grabados de la Cueva de la Mina de Ibor (Castañar de Ibor, Cáceres)". Revista de Estudios Extremeños, tomo LII, n° 2, p. 383-399.

RIPOLL, S. y MUNICIO, L.J. (1992): "Las representaciones de estilo paleolítico en el conjunto de Domingo García (Segovia)". *Espacio, Tiempo y Forma*. Serie I, vol. 5, p. 107-138

RIPOLL, S. ; COLLADO, H. y RIPOLL, E. (1999): *Maltravieso el santuario extremeño de las manos.* Monografías del Museo de Cáceres, n° 1. Mérida. (en prensa).

RIPOLL, E. y MOURE, A. (1979): "Grabados rupestres de la cueva de Maltravieso (Cáceres)". *Estudios dedicados a Carlos Callejo Serrano*, p. 567-572.

RIVERO, M.C. (1972-73): "Materiales inéditos de la Cueva de Boquique". *Zephyrus*, n° 23-24, p. 101-130

SANCHIDRIÁN, J.L. (1988/89): "Perspectiva actual del arte paleolítico de la Cueva de Maltravieso (Cáceres). *Ars Praehistorica*, t. VII-VIII, p. 123-129.

SANCHIDRIÁN, J.L. y JORDÁ, J.F. (1987): "Nuevas investigaciones en la Cueva de Maltravieso (Cáceres)". *Revista de Arqueología*, n° 73, p. 64.

SAUCEDA, M.I. (1985): "La Cueva del Conejar (Cáceres). Una muestra de los materiales recogidos en 1981". *Norba*, n° 5, p. 47-58.

SAUCEDA, M.I. y CERRILLO, J. (1985): "Notas para el estudio de las cerámicas de la cueva de Maltravieso (Cáceres)" *I Jornadas de Arqueología del Nordeste Alentejano*, p. 45-49.

SERVICIO GEOGRÁFICO DEL EJÉRCITO: Cartografía militar de España, Serie L, escala 1:50.000.
> * Hoja n° 652: Jaraicejo.
> * Hoja n° 653: Valdeverdeja.
> * Hoja n° 681: Castañar de Ibor.
> * Hoja n° 704: Cáceres.
> * Hoja n° 726: El Pino de Valencia.
> * Hoja n° 853: Burguillos del Cerro.
> * Hoja n° 877: Llerena.
> * Hoja n° 897: Monesterio.

* Hoja n° 898: Puebla del Maestre.

VALDÉS, F. (1980): "Excavaciones en la Alcazaba de Badajoz". *Revista de Estudios Extremeños*, vol. XXXVI, n° 3, p. 371-

V.V.A.A. (1989): El Karst en España. Monografía n° 4 de la Sociedad Española de Geomorfología. DURÁN VALSERO, J. J. Y LÓPEZ MARTÍNEZ, J. Editores.

VVAA (1983): <u>Libro Jubilar de J. M. Ríos. Geología de España</u> Tomo I. Instituto Geológico y Minero de España. Madrid.

ZILHAO, J. y FAUSTINO, A.M. (1996): "O Neolítico do maciço calcário estremenho. Crono estratigrafia e povoamento". *Rubricatum*, n° 1, Actas del I Congreso del Neolítico en la Península Ibérica, p.659-671.